高等院校数字化建设精品教材

U0814709

C 语言程序设计与项目实训教程

（下册）

主　编　孟爱国　肖增良

北京大学出版社
PEKING UNIVERSITY PRESS

内 容 简 介

C语言在当今软件开发领域有着非常广泛的应用。本教材分上、下两册，上册全面介绍了C语言的基本概念，各种语法成分及应用，并通过大量实例程序讲述了C语言应用中的重点和难点，引导读者掌握一般程序设计的方法。下册通过案例介绍常用的数据组织技术、算法设计技术以及界面设计技术，来进一步巩固和深化C语言的应用；并通过数个案例介绍，引导读者全面掌握C语言在各方面进行应用开发的思路和方法。

本套教材选材先进，内容丰富，讲述力求理论联系实际、深入浅出、循序渐进，注重培养读者的程序设计能力以及良好的程序设计风格和习惯。

本套教材可作为本科院校计算机程序设计的教学用书，也可作为从事计算机应用的科技人员的参考书及培训教材。

为了配合本套教材的学习，作者还编写了与本套教材配套的《C语言程序设计实验实训教程》，可供读者学习时参考使用。

本书配套云资源使用说明

本书配有微信平台上的云资源，请激活云资源后开始学习。

一、资源说明

本书云资源内容为例题程序源文件。通过扫描二维码可下载源文件，方便学生学习，提高效率。

二、使用方法

1. 打开微信的“扫一扫”功能，扫描关注公众号（公众号二维码见封底）。
2. 点击公众号页面内的“激活课程”。
3. 刮开激活码涂层，扫描激活云资源（激活码见封底）。
4. 激活成功后，扫描书中的二维码，即可直接访问对应的云资源。

注： 1. 每本书的激活码都是唯一的，不能重复激活使用。

2. 非正版图书无法使用本书配套云资源。

前　言

从C语言产生到现在，它已经成为最重要和最流行的编程语言之一。目前许多高校开设了“C语言程序设计”课程，几乎每一个理工科或者其他相关专业的学生都要学习它。同时，C语言也是“全国计算机二级等级考试”中参加考试人数非常多的一门语言。因此，用C语言编程也是用来衡量计算机程序设计水平的一个重要标准。

C语言概念简洁，数据类型丰富，表达能力强，运算符多且用法灵活，控制流和数据结构新颖，程序结构性和可读性好，有利于培养读者良好的编程习惯，易于体现结构化程序设计思想。它既具有高级语言程序设计的特点，又具有汇编语言的功能；既能有效地进行算法描述，又能对硬件直接进行操作；既适合于编写应用程序，又适合于开发系统软件。它是当今世界上应用最广泛、最具影响的程序设计语言之一。C语言本身还具有整体语言紧凑整齐，设计精巧，编辑方便，编译与目标代码运行效率高，操作简便，使用灵活等许多鲜明的特点。

但是，要学好C语言，仅仅通过课堂教学或自学获取理论知识是远远不够的，还必须加强实际动手能力的训练。在实验和实训中编写、调试和运行代表各种典型算法和典型应用的程序，从成功和失败的经验中得到锻炼，才能熟练掌握和运用C语言理论知识解决软件开发中的实际问题，达到学以致用的目的。为此，编写了《C语言程序设计与项目实训教程》上、下两册。

上册全面介绍了C语言的概念、特性和结构化程序设计方法。全书共有10章，第1章介绍了C语言程序设计的基本知识。第2章介绍了C语言的基本数据类型、常量和变量以及表达式。第3、4、5章分别介绍了用C语言进行结构化程序设计的基本方法，包括顺序结构、选择结构、循环结构程序设计，并介绍了C语言程序设计中的常见错误及调试方法。第6章介绍了函数与编译预处理。第7、8章对C语言的数组、指针做了充分阐述。第9章对结构体、共用体做了较详细的介绍。第10章对C语言文件操作做了详细的阐述。

下册分两个部分。第一部分为“巩固与积累”；第二部分为“综合与创新”。

第一部分(包括第1～3章)是巩固与积累。针对C语言每个知识点及程序设计中常用的数据组织技术、算法设计技术以及界面设计技术，首先给出明确的要求，然后设计基础实训或应用案例。这样有利于明确知识点在应用中如何使用，并在程序设计过程中，通过读者模仿、修改和调试程序案例，消除对程序设计的迷茫感、提高读者的学习兴趣，增强程序设计能力。

第二部分(包括第4～6章)是综合与创新。各章选取一个具有较好的典型性和代表性的应用案例，便于读者通过一个综合应用项目的实践，掌握一类项目开发所需要的相关知识和技术，最终实现举一反三的能力。各章中给出的解决方案，突出“系统观念和系统设计”的思想，帮助读者提高系统认知能力和系统设计能力。在一个项目中，介绍如何以一个整体的系统观念来组织、理解系统的重点与难点及其所使用的技术，如何有效地将它们融合在一起，解决应用中的复杂问题。这样有利于读者更深层次地掌握C语言程序设计与开发中的思路、方法和过程。

本套教材是作者根据多年从事 C 语言及计算机基础课程的教学实践，在多次编写讲义、教材的基础上编写而成的。内容充实，循序渐进，选材上注重系统性、先进性、典型性和实用性。通过大量例题和案例介绍，达到"任务驱动、设计主导、案例教学"的思想。全书例题、案例在 Windows 7 环境下，通过 Visual Studio 2010 调试通过。

为配合读者学习本套教材，作者另编写了一本《C 语言程序设计实验实训教程》，作为本套教材的配套参考书，供读者复习和检查学习效果时使用。

本套教材上册由孟爱国主编，下册由孟爱国、肖增良主编。上册中，孟爱国编写第 1 章；杨鼎强编写第 2 章；左利芳编写第 3、4、5 章；甘文编写第 6 章；吴海珍编写第 7 章；尹波编写第 8 章；甘正佳编写第 9、10 章。下册由肖增良编写；孟爱国负责全书统稿。

上、下两册教材既可以单独使用，也可以合起来使用。建议教学总学时为 56～72 学时。在本套教材的写作过程中，得到了李峰教授的热情支持与指导，在此表示衷心感谢。

苏文华、沈辉构思并设计了全书在线课程教学资源的结构与配置，余燕、付小军编辑了教学资源内容，并编写了相关动画文字材料，马双武、邓之豪组织并参与了动画制作及教学资源的信息化实现，苏文春、陈平提供了版式和装帧设计方案。在此表示衷心感谢。

由于作者水平有限，加之时间仓促，书中错误和不当之处在所难免，敬请读者批评指正。

编　者

2018 年 4 月

目　　录

第 1 章　数据组织技术

用计算机解决现实问题，需要编写程序，而编写程序时需要考虑两个问题：一是分析研究现实问题中数据的特性，采用合适的方式来组织与存储这些数据；二是采用什么方法和步骤来处理数据(即算法)。可以说程序设计的实质是对现实问题选择一种好的数据组织技术，再设计一个好的算法来处理数据，而好的算法在很大程度上取决于数据组织技术。本章介绍实际问题中常用的数据组织技术，而常用算法的设计技术则在下一章介绍。

1.1　魔方阵

任务描述

【任务 1.1】设计一个程序，在一个 n×n 的矩阵中填入 1 到 n×n 的数字(n 为奇数)，使得每一行、每一列以及主副对角线的各元素累加和都相等，这种矩阵称为魔方阵。

任务分析

1. 数据组织

对于同类型数据的集合，利用 C 语言的数组来存储与表示是十分便利的。本任务直接使用 C 语言的二维数组来描述魔方阵。定义如下：

```
int magic[20][20];
```

2. 基本思路

解魔方阵问题的方法很多，本任务采用如下方法产生魔方阵：

(1) 将 1 放在第一行中间一列；

(2) 从 2 开始直到 n×n 各数依次按下列规则存放；每一个数存放的行比前一个数的行数减 1，列数加 1；

(3) 若上一个数的行数为 1，则下一个数的行数为 n(指最下一行)；

(4) 若上一个数的列数为 n，则下一个数的列数应为 1，行数减去 1；

(5) 如果按上面规则确定的位置上已有数，或上一个数是第一行第 n 列时，则把下一个数放在上一个数的下面。

任务实现

实现代码如下。

```
#include <stdio.h>
/* 产生魔方阵 */
void MagicSquare(int a[][20], int n) {
  int x=0, y=n/2, i;
  a[x][y]=1;
  for (i=2; i<=n*n; i++) {
```

```
      x=(x-1+n)%n;
      y=(y-1+n)%n;
      if (a[x][y]>0) {
         x=(x+2)%n;
         y=(y+1)%n;
      }
      a[x][y]=i;
   }
}

/* 显示魔方阵 */
void MagicPrint(int a[][20],int n) {
   int i,j;
   for (i=0; i<n; i++) {
      for (j=0; j<n; j++)
         printf("%5d", a[i][j]);
      printf("\n");
   }
}

/* 主函数 */
int main() {
   int a[20][20]={0};
   int t=1, n;
   while (t) {
      printf("请输入魔方阵的阶数M(0< M<20且M为奇数):");
      scanf("%d", &n);
      if (n<=0||n>20)
         printf("魔方阵的阶数M应该大于0并且小于20!\n");
      else if (n%2==0)
         printf("魔方阵的阶数M应该为奇数!\n");
      else
         t=0;
   }
   MagicSquare(a, n);
   MagicPrint (a, n);
}
```

源文件下载

测试用例

(1) 按程序提示输入3,观察运行结果。

(2) 按程序提示输入9,观察运行结果。

知识积累

一般来说,用计算机来解决一个具体问题时,大致需要经过以下几个步骤:首先,要从具体问题中抽象出一个适当的数学模型，然后设计一个解此数学模型的算法，最后编写程序，进行测试，调试和运行直到得到最终解答。寻求数学模型的实质是分析问题，从中提取操作的数据对象，并找出这些数据对象之间含有的关系，然后用数学的语言加以描述。

编写求解数学模型的程序，是由两个基本元素构成：一个是数据，一个是代码。C语言提供了一些最基础的数据组织方式，如数组、结构体、指针等，而针对现实问题中的复杂数据对象，则需要使用C语言的知识来扩展定义。数据组织技术包括三个方面：单个数据对象的结构，数据对象之间的关系，针对数据对象之间关系的基本操作。单个数据对象的结构通常使用C语言的结构体来定义。数据对象之间的关系有一对一关系、一对多关系、多对多关系，也分别称为线性结构、层次（树）结构、网状（图）结构。基本操作包括添加、删除、修改、查找等，不同的结构其基本操作的实现方式不同。在学习C语言知识的过程中，应该逐步掌握与积累这些常用数据组织技术。

思考与提高

（1）数组的初始化。

（2）参考代码中如下语句的技巧：

```
x=(x-1+n)%n;
y=(y-1+n)%n;
```

1.2　杨辉三角形

任务描述

【任务1.2】设计一个程序，产生并输出杨辉三角形（输出10行即可）。

任务分析

1. 数据组织

本任务采用产生一行就输出一行的方法，不需要存储杨辉三角形中所有行的数据，只需用一维数组存储当前输出行的数据。定义如下：

```
int yh[N]={1};
```

2. 基本思路

根据杨辉三角形的特性，通过上一行计算当前要输出的行。因为各行的第一列与最后一列均为1，只要在数组初始化时置1，不需要计算。具体方法如下：

（1）从当前行的倒数第二列开始计算；

（2）当前行某列的值＝上一行的该列的值＋上一行的该列的前一列的值；

（3）重复第(2)步，直到当前行的倒数第二列。

任务实现

```
#include <stdio.h>
#define N 10
void main()
{
  int row, col;
  int colsOfRow; /* 每行的列数 */
```

```
  int yh[N]={1};
  for(row=0; row<N; row++)
  {
    colsOfRow=row+1; /* 每行的列数为当前行号(行号从 0 开始)加 1,*/
    for(col=colsOfRow-1; col>0; col--)
      yh[col]=yh[col]+yh[col-1];//利用上一行计算当前行
      for(col=0; col<colsOfRow; col++)
    printf("%5d", yh[col]);
      putchar('\n');
  }
}
```

源文件下载

测试用例

修改程序中 N 的值,观察不同值的运行结果。

知识积累

C 语言的数组是用于保存与处理同类型数据的较好方式,在书写程序时应用非常广泛,希望读者逐步积累相关的应用经验。

思考与提高

本例中给出的参考代码的输出结果如图 1-1(a)所示。可以看出这并不是等腰三角形,请完善程序,以等腰三角形的方式输出,如图 1-1(b)所示。

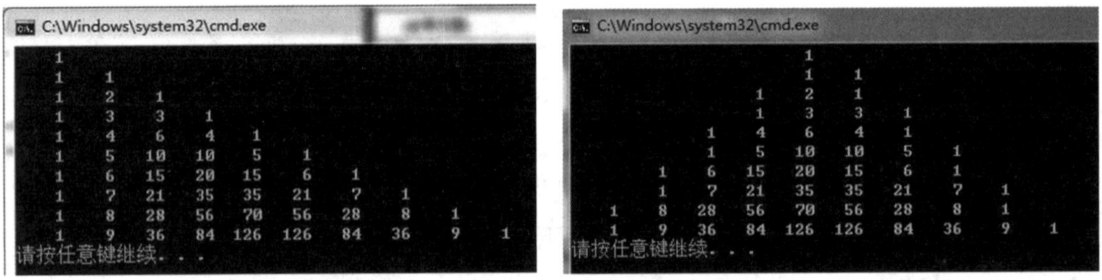

(a)参考代码的输出结果　　(b)改进后的输出结果

图 1-1　任务 1.2 参考代码的输出结果

1.3　一元多项式的加法运算

任务描述

【任务 1.3】设计一个程序,输入两个多项式,然后把一个多项式 L2 加到另一个多项式 L1 中,最后输出相加后的多项式 L1。

任务分析

1. 数据组织

一元多项式 f(x)的数学形式为:$f(x)=a_nx^n+\cdots+a_2x^2+a_1x+a_0$。它由多个项组成,每一项包括系数与指数两个部分。

在实际应用中，多项式的指数可能很高且变化很大，一个较好的表示方法是只表示系数非零的项，并把该项的系数与指数存储在一块。这样，一元多项式的每一个非零项可由系数和指数唯一表示。例如，$f(x)=14x^{101}+5x^{50}-3$ 就可以表示为((14,101),(5,50),(−3,0))。

在运算时，怎样访问到多项式的各个项呢？在 C 语言的数组中，通过下标可以依次访问数组中的各个元素，所以采用 C 语言的数组保存多项式，该问题很容易解决。但对于指数相差很多的两个多项式，相加会改变多项式的系数和指数。若相加的某两项指数不等，则将分别存储到结果中，将引起数组元素的移动；若某两项的指数相等，系数相加后为零，也会引起数组的移动。因此直接采用数组表示多项式并不可取。那么不采用数组表示，怎样访问多项式的各个项呢？解决方法是：在多项式各项的描述结构中添加一个指向其后一个相邻项指针，通过该指针可以从多项式的第一个项开始访问到其余各项。据此，多项式的项定义如下：

```
typedef struct node
{
  int coef;              //系数
  int index;             //指数
  struct node *next;     //指向相邻的后一项
}PolyNode;
```

2. 基本思路

本任务包括输入多项式、多项式相加运算以及结果输出三个部分。

为了处理方便，申请一个附加的存储空间，该空间的指针域指向多项式第一项的指针，系数域与指数域不存放数据，取名为 head。访问多项式时就可以从 head 开始。

(1) 多项式输入(输入后按指数从高到低排列)：

第 1 步：分配存放当前输入项的存储空间，让指针 newp 指向该空间；

第 2 步：输入该项的系数与指数；

第 3 步：从 head 开始扫描多项式，直到 newp 的指数大于或等于扫描的当前项，记指向此项的指针为 p，记 p 的前一项指针为 pre。分如下情况处理：

① 若 p 的指数小于 newp 的指数，则把 newp 插入到 pre 后。

② 若 p 为空，则把 newp 插入到 pre 后。

③ 若 p 的指数等于 newp 的指数，把 p 的系数与 newp 的系数相加，若结果为 0，则删除 p，并释放 p 与 newp 所占空间；否则修改 p 的系数为相加的结果，并释放 newp 所占空间。

第 4 步：重复第 1 步至第 3 步，直到输入完成一元多项式的所有项。

(2) 多项式相加运算：

第 1 步：从第二个多项式中取一项，让指针 newp 指向该项；

第 2 步：扫描第一个多项式，直到 newp 的指数大于或等于扫描的当前项，记指向此项的指针为 p，p 的前一项指针为 pre。分如下情况处理：

①若 p 的指数小于 newp 的指数，则把 newp 插入到 pre 后。

②若 p 为空，则把 newp 插入到 pre 后。

③若 p 的指数等于 newp 的指数，把 p 的系数与 newp 的系数相加，若结果为 0，则删除 p，并释放 p 与 newp 所占空间；否则修改 p 的系数为相加的结果，并释放 newp 所占空间。

第3步:重复第1步至第2步,直到处理完第二个多项式的所有项。

(3) 多项式输出:

从第一个多项式的head开始,依次取出一项,显示其系数与指数,直到显示完多项式所有的项。

从上面的分析可以看出,多项式输入与相加运算时均需要插入项到多项式中,可定义一个公共函数供这两个函数模块调用。

任务实现

参考代码如下,包括五个函数,分别为:

(1) 多项式插入的公共函数:PolyNodeInsert;

(2) 多项式输入函数:PolyNodeCreate;

(3) 两个多项式相加运算函数:PolyNodeAdd;

(4) 多项式输出函数:PolyNodePrint;

(5) 主函数:main。

```
#include <stdio.h>
#include <stdlib.h>

typedef struct node
{
  int coef;
  int index;
  struct node *next;
}PolyNode;

void PolyNodePrint(PolyNode *head);
void PolyNodeInsert(PolyNode *head, PolyNode *newp);
PolyNode *PolyNodeCreate();
void PolyNodeAdd(PolyNode *L1, PolyNode *L2);

/* 主函数 */
void main()
{
  PolyNode *L1,*L2;
  L1=PolyNodeCreate();
  PolyNodePrint(L1);
  L2=PolyNodeCreate();
  PolyNodePrint(L2);
  PolyNodeAdd(L1, L2);   // L1+L2=>L1
  PolyNodePrint(L1);
}

/* 多项式输出 */
void PolyNodePrint(PolyNode *head)
```

```
{
  PolyNode *p;
  printf("count=%d\n",head->index);  //输出项数
  for(p=head->next; p; p=p->next)
      printf("coef=%d,index=%d\n",p->coef, p->index);
}

/* 多项式结点插入的公共函数*/
void PolyNodeInsert(PolyNode *head, PolyNode *newp)
{
  PolyNode *p,*pre;
  //定位
  for(pre=head,p=pre->next; p; pre=p,p=p->next)
  {
      if(p->index<=newp->index)
          break;
  }
  if(p==NULL || p->index<newp->index)//在*pre 之后插入
  {
      newp->next=p;
      pre->next=newp;
      head->index++;
  }
  else
  {
      p->coef+=newp->coef;             //合并同类项
      free(newp);
      if(p->coef==0)                   //删除
      {
          pre->next=p->next;
          free(p);
          head->index--;
      }
  }
}

/* 多项式输入函数 */
PolyNode *PolyNodeCreate()
{
  int i,count;
  PolyNode *head,*newp;

  scanf("%d",&count);
  head= (PolyNode *)malloc(sizeof(PolyNode));
```

```
    head->coef=0;
    head->index=0;
    head->next=NULL;
    for(i=0; i< count; i++)
    {
        newp= (PolyNode *)malloc(sizeof(PolyNode));
        scanf("%d,%d",&newp->coef,&newp->index);
        PolyNodeInsert(head, newp);
    }
    return(head);
}

/* 多项式相加运算函数 L1+L2=>L1  不破坏 L2 链表 */
void PolyNodeAdd(PolyNode *L1, PolyNode *L2)
{
    PolyNode *p,*newp;
    for(p=L2->next; p; p=p->next)
    {
        newp=(PolyNode *)malloc(sizeof(PolyNode));
        newp->coef=p->coef; newp->index=p->index;
        PolyNodeInsert(L1,newp);
    }
}
```

源文件下载

测试用例

参考代码的运行结果如图 1-2 所示。

图 1-2　任务 1.3 参考代码的运行结果

输入表格 1-1 中的多项式 1 与多项式 2 的系数与指数，观察输出结果是否相符。

表 1－1　多项式相加运算的测试用例

输入数据(指数可无序)		输出多项式(指数降序)
多项式 1	多项式 2	
count＝2 coef＝5,index＝3 coef＝1,index＝5	count ＝3 coef＝2,index＝7 coef＝7,index＝2 coef＝6,index＝3	count＝4 coef＝2,index＝7 coef＝1,index＝5 coef＝11,index＝3 coef＝7,index＝2

知识积累

本任务的参考代码中多项式各项的数据描述中，定义指针域的目的是为了把相邻项连接起来，这种数据组织技术称为链表。通过指向相邻项的指针，可以把链表中的各个数据对象连接起来，实现从前一项找到后一项。链表采用动态内存分配，在程序的执行过程中根据需要申请存储空间。其技术要点包括：

1. 链表的结构

如图 1-3 所示，链表通常由一个链表头(head，一般用某个数据域存放链表中元素的个数)和若干存放数据信息的链表元素(node)构成。每个元素除保存数据信息外，还需保存其相邻的后一个元素的地址。

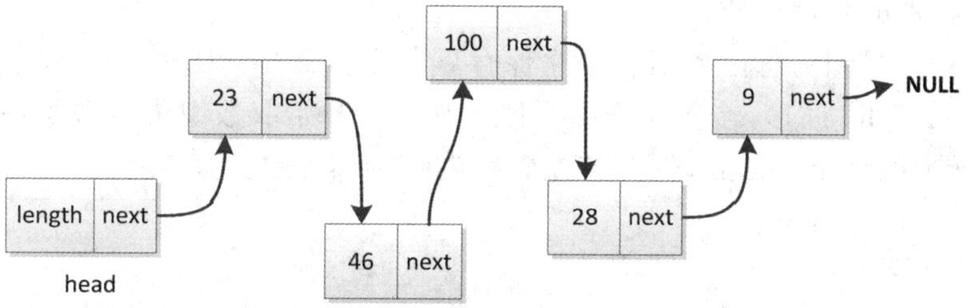

图 1-3　单链表的结构示意图

2. 链表的基本操作

链表的基本操作函数有如下几种：

(1) 链表初始化 int Init(LinkList *head)。

初始条件：链表不存在。

操作结果：构造了一个没有元素的、只包括链表头(head)的链表。

(2) 链表节点的插入 int Insert(LinkList *head, ElemType x, int i)。

初始条件：链表已经存在。

操作结果：把新节点插入到指定的位置，链表发生变化。

(3) 链表节点的删除 int Delete(LinkList *head, int i)。

初始条件：链表已经存在。

操作结果：删除指定位置的节点，链表发生变化。

(4) 查询链表中的节点 LNode *Location(LinkList *head, int i)。

初始条件：链表已经存在。

操作结果：若链表包含查询节点，返回该节点，否则返回空值。链表不发生变化。

思考与提高

修改或完善参考代码,实现如下任务:

(1) 一元多项式的减法。

(2) 一元多项式的乘法:建议建立一个新链表来保存相乘的结果。即 a * b⇒c(建立的新链表为 c)。

(3) 实现【知识积累】链表的基本操作函数,LNode 与 LinkList 请读者自行定义。

1.4　数制转换

任务描述

【任务 1.4】 设计一个程序,实现输入一个非负的十进制,将其转换为二进制,并按二进制的方式输出结果。例如输入 19,则将十进制 19 转换为二进制后的结果为 10011。

任务分析

1. 数据组织

数制转换一般采用除基取余法,即辗转相除法实现。由辗转相除法的运算过程可以看出,所转换的结果是按低位到高位的顺序来产生的,而数据输出是从高位到低位,这正好与计算过程中产生的顺序相反,具有"后进先出"的特性。需要一种技术来组织与存储这种具有"后进先出"特性的数据集合。

将转换过程所得到的每位数字按顺序保存到一个数组中,用一个整数变量 top 记住保存的位置(每次保存时加 1),转换完毕后再依次从 top 开始取数组中的数字(每次取数时减 1),就能得到转换的结果。据此,保存转换数字的结构体可定义如下:

```
typedef struct _SeqStack {
  int data[MAXSIZE];
  int top;
}SeqStack;
```

2. 基本思路

将一个非负的十进制整数 n 转换为其他进制 r 的问题,通过"除 r 取余法"来实现。即 n=(n/r) * r+n%r。例如将十进制整数 19 转换为二进制数的运算公式为:19=(19/2) * 2+19%2=9 * 2+1=(4 * 2+1) * 2+1=…。具体步骤如下:

(1) 设置一个用于记录每次相除后所得余数的容器(如数组 data[MAXSIZE]);

(2) 设置该容器的当前存放余数的位置(设置 top)的初始值为−1;

(3) 把需转换的十进制 n 与转换的目标进制 r 整除。把整除结果赋给 n(即 n=n/r),并把余数存入容器 data,且位置指针 top 加 1;

(4) 重复第(3)步,直到 n 为零;

(5) 从 top 开始依次输出容器 data 数组中保存的余数。

任务实现

```
#include <stdio.h>
#define MAXSIZE 20
```

```
typedef struct _SeqStack {
  int data[MAXSIZE];
  int top;
}SeqStack;

void conversion(int n, int r)
{
  int x;
  SeqStack s;
  s.top=-1;
  while(n)
  {
      s.top++;
      s.data[s.top]=n%r;
      n=n/r;
  }
  while(s.top!=-1)
  {
      x =s.data[s.top--];
      printf("%1d", x);
  }
  printf("\n");
}

main()
{
  int n,r;
  printf("请输入 n,r: ");
  scanf("%d,%d", &n, &r);
  conversion(n,r);
}
```

源文件下载

测试用例

输入十进制数 11,转换的进制为 2。观察程序运行结果。

知识积累

在较复杂的数据处理过程中,通常需要保存多个临时产生的数据,如果使用这些数据的顺序与先前产生数据时的顺序相反,那么需要用一个后进先出的数据组织方式来保存这些数据。后进先出的数据组织技术称为栈技术,它使用一个容器(数组或链表)保存数据对象,并定义一个指针用于指向当前插入或删除位置(称为栈顶,top)。为确保容器中数据对象后进先出,要求插入与删除都在栈顶进行。栈技术要点包括:

1. 栈的结构

栈包括一个存放元素的容器以及指向最后一个元素的栈顶指针,其进栈过程如图 1-4 所示。退栈过程如图 1-5 所示。

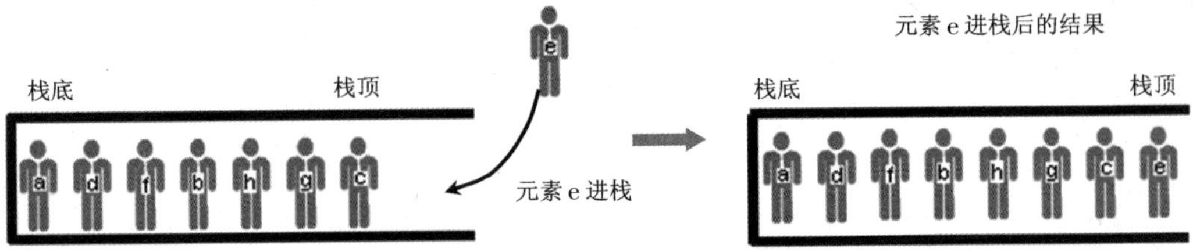

图 1-4　进栈示意图

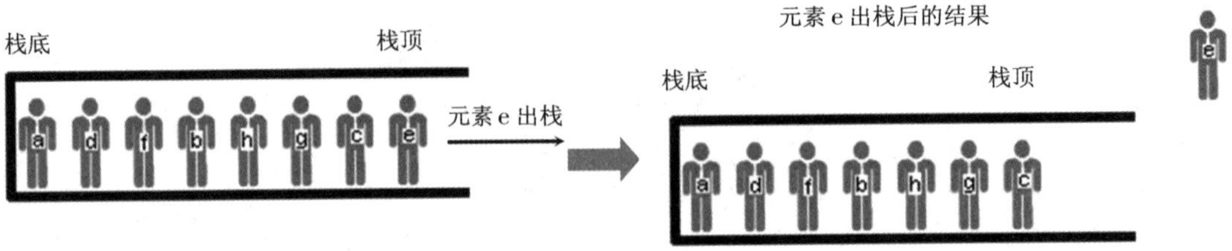

图 1-5　退栈示意图

2. 栈的基本操作

栈的基本操作有如下几种：

(1) 栈的初始化 InitStack(SeqStack *pStack)。

初始条件：栈不存在。

操作结果：构造了一个没有元素的空栈。

(2) 判断栈空 IsStackEmpty(SeqStack *pStack)。

初始条件：栈已经存在。

操作结果：若栈没有元素，则返回 1，否则返回 0。

(3) 判断栈满 IsStackFull(SeqStack *pStack)。

初始条件：栈已经存在。

操作结果：若栈为满栈，则返回 1，否则返回 0。

(4) 进栈 Push(SeqStack *pStack, ElemType x)。

初始条件：栈已经存在。

操作结果：若栈不满，在栈的顶部插入一个新元素，栈发生变化。

(5) 退栈 Pop(SeqStack *pStack, ElemType *pElement)。

初始条件：栈已经存在。

操作结果：若栈不空，删除栈的顶部元素，并返回该元素，栈发生变化。

(6) 取栈顶元素 GetTop(SeqStack *pStack)。

初始条件：栈已经存在。

操作结果：若栈不空，返回栈的顶部元素，但不改变栈的状态。

思考与提高

(1) 实现知识积累部分栈的基本操作函数，SeqStack 请读者自行定义。

(2) 本任务的参考代码中采用的是固定长度的栈，它有空间容量的局限性，你能否修改程序，消除这个局限性？

1.5　银行排队存取款

任务描述

【任务 1.5】银行排队存取款时，人们遵守先进先出规则，即先来的客户排在前面，后来的客户只能排在队尾，每次先办理存取款业务的是先来的客户。银行存取款一般都采用取号排队，即客户先获取一个排队编号，银行工作人员依据客户编号的先后顺序依次叫号办理业务，这样做就能保证有序办理业务，有效地提高办理效率和服务质量。假设前5位客户获取的编号分别为“1001”“1002”“1003”“1004”和“1005”，办理存取款业务时，“1001”号先办理，然后是“1002”号，最后是“1005”号，编写程序模拟存取款业务办理的排队过程。

任务分析

1. 数据组织

在管理银行存取款队列时，需要记录当前的队首与队尾，并且要求插入元素只能在队尾进行，而删除元素只能在队首进行。数据组织方式定义如下：

```
typedef struct {
char num[6][QUEUESIZE];     /* 队列元素*/
  int front;                /* 队首*/
  int rear;                 /* 队尾*/
}SeqQueue;
```

2. 基本思路

当有人进队时，把其编号存入队尾，把队尾指针加1；当队首的人离开时，把其编号取消，把队首指针加1。具体来说，本任务的入队过程为：

(1) 队尾指针置为0，队首指针置为0；

(2) 编号“1001”入队，队尾指针加1；

(3) 编号“1002”入队，队尾指针加1；

(4) 编号“1003”入队，队尾指针加1；

(5) 编号“1004”入队，队尾指针加1；

(6) 编号“1005”入队，队尾指针加1。

本任务的出队过程为：

(1) 编号“1001”出队，队首指针加1；

(2) 编号“1002”出队，队首指针加1；

(3) 编号“1003”出队，队首指针加1；

(4) 编号“1004”出队，队首指针加1；

(5) 编号“1005”出队，队首指针加1。

任务实现

本任务只需要模拟显示银行存取款队列的进队与出队情况，相对比较简单，程序代码都书写在main()函数中。

```
#include "stdio.h"
#include "string.h"
```

```
#define QUEUESIZE 5
/* 银行排号队列类型定义*/
typedef struct {
  char num[6][5];
  int front;
  int rear;
}SeqQueue;

/* 主程序*/
main()
{
  char *qn[]={"1001", "1002", "1003", "1004", "1005"};
  SeqQueue queue, *pQueue;
  int i;
  pQueue=&queue;
  pQueue->front=0;
  pQueue->rear=0;
  printf("Enter the queue process:\n");
  for(i=0; i<QUEUESIZE; i++)
  {
      strcpy(pQueue->num[pQueue->rear], qn[i]);
      if(i<QUEUESIZE-1)
          printf("%s->", pQueue->num[pQueue->rear]);
      else
          printf("%s", pQueue->num[pQueue->rear]);
      pQueue->rear=pQueue ->rear+ 1;
  }
  printf("\nLeave the queue process:\n");
  for(i=0; i<QUEUESIZE; i++)
  {
      if(i<QUEUESIZE-1)
          printf("%s->", pQueue->num[pQueue->front]);
      else
          printf("%s", pQueue->num[pQueue->front]);
      pQueue->front=pQueue->front+1;
  }
  printf("\n");
}
```

源文件下载

测试用例

运行程序,观察运行结果。

知识积累

在较复杂的数据处理过程中,通常需要保存多个临时产生的数据,如果先产生的数据先进行处理，那么需要用一种称为队列的技术来组织这些数据。例如车站排队买票，排在队首的先买，后来的排在队尾。队列的技术要点如下：

1. 队列的结构

队列包括一个存放元素的容器以及指向最后一个元素的队尾指针，指向第一个元素的队头指针，其进队过程如图1-6所示。出队过程如图1-7所示。

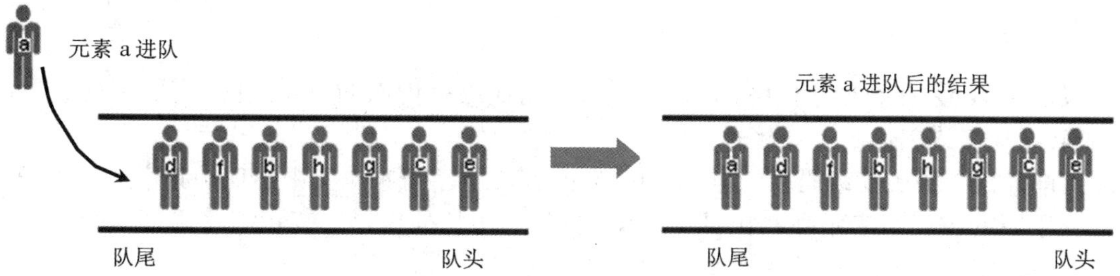

图1-6 进队过程的示意图

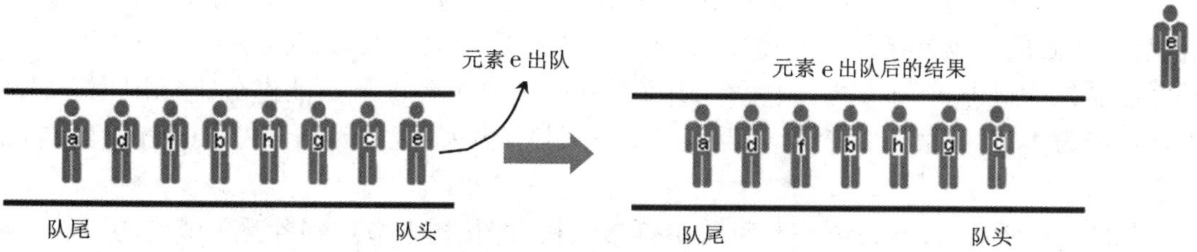

图1-7 出队过程的示意图

2. 队列的基本操作

队列的基本操作有如下几种：

(1) 队列的初始化 void InitQueue (SeqQueue *pQueue)。

初始条件：队列不存在。

操作结果：构造了一个没有元素的空队列。

(2) 判断队列空 int IsQueueEmpty(SeqQueue *pQueue)。

初始条件：队列已经存在。

操作结果：若队列没有元素，则返回1，否则返回0。

(3) 判断队列满 int IsQueueFull(SeqQueue *pQueue)。

初始条件：队列已经存在。

操作结果：若队列已满，则返回1，否则返回0。

(4) 入队 int EnQueue (SeqQueue *pQueue, ElemType x)。

初始条件：队已经存在。

操作结果：若队列不满，在队尾插入一个新元素，队列发生变化。

(5) 出队 int DeQueue (SeqQueue *pQueue, ElemType *x)。

初始条件：队列已经存在。

操作结果：若队列不空，把队头从队列中删除，并返回该元素，队列发生变化。

(6) 取队头元素 int GetTop (SeqQueue *pQueue, ElemType *x)。

初始条件：队列已经存在。

操作结果：若队列不空，返回队头元素，但不改变队列的状态。

思考与提高

实现【知识积累】队列的基本操作函数,SeqQueue 请读者自行定义。

1.6 电文的编码和译码

任务描述

【任务 1.6】 在数据通信中,电文是以二进制代码串传送的。发送时,需要将电文中的字符转换成二进制代码串,即编码;在接收时,要将收到的二进制代码串转化为对应的字符序列,即译码。为了使编码后的电文尽可能短,需根据字符在电文中出现的频率进行不等长编码,用短的编码来表示那些出现次数多的字符,用长的编码来表示那些出现次数少的字符,从而缩短电文的总长度。

怎样根据字符在电文中出现的频率求出最优的各个字符的编码,使得电文编码的总长度最短呢?美国计算机科学家 David. A. Huffman 提出的 Huffman 编码方法求得的编码是最优前缀码(前缀码是指任意一个字符的编码都不是其他字符编码的前缀)。Huffman 编码方法首先构造 Huffman 树,然后将 Huffman 树中每个分支节点的左分支标记为 0,右分支标标记为 1,将树根到每个叶子路径上的标号连起来,就是该叶子节点所代表字符的编码。

如图 1-8 所示,Huffman 树也称为最优二叉树,即从树根节点到各叶子节点的路径长度(即经过的边的个数)与相应叶子节点权值(代表实际应用的数据值,如编码问题中的字符出现的频率)的乘积之和(带权路径长度,记为 WPL)最小的二叉树。

图 1-8 的带权路径长度 $WPL=5\times1+4\times2+2\times3+3\times3=28$。

设计一个程序,输入某个电文中统计出的字符集及各个字符出现的频率,输出各个字符的 Huffman 编码。同时,能翻译由 Huffman 生成的二进制代码串,输出其对应的电文字符串。

任务分析

1. 数据组织

本任务使用 C 语言的结构体数组来组织 Huffman 树,数组元素对应 Huffman 节点,其结构体定义如下:

```
/*  Huffman 树节点的结构 */
typedef struct{
  char data;        /* 数据用字符表示 */
  int weight;       /* 权值 */
  int parent;       /* 双亲 */
  int left;         /*  左孩子 */
  int right;        /*  右孩子 */
}HuffNode;
```

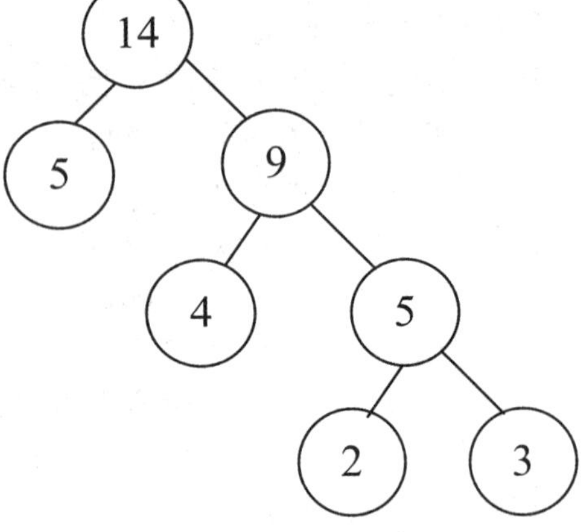

图 1-8 Huffman 树

因为 Huffman 编码是不等长编码,本任务使用结构体数组来组织 Huffman 编码,每个字符编码的存储结构表示如下:

```
/*  Huffman 编码的存储结构 */

typedef struct
{
  char bits[MAXNUM];       /*  存放编码位串 */
  int start;               /*  编码的起始位置 */
}HuffCode;
```

2. 基本思路

根据 Huffman 树的定义，一棵二叉树要使其 WPL 值最小，必须使权值越大的叶子节点越靠近根节点，而权值越小的叶子节点越远离根节点。那么如何构造一棵 Huffman 树呢？其方法如下：

(1) 给定的 n 个权值$\{W_1, W_2, \cdots, W_n\}$构造 n 棵只有一个叶子节点的二叉树，从而得到一个二叉树的集合 $F=\{T_1, T_2, \cdots, T_n\}$；

(2) 在 F 中选取根节点的权值最小和次小的两棵二叉树作为左、右子树构造一棵新的二叉树，这棵新的二叉树根节点的权值为其左、右子树根节点权值之和；

(3) 在集合 F 中删除作为左、右子树的两棵二叉树，并将新建立的二叉树加入到集合 F 中；

(4) 重复(2)(3)两步，当 F 中只剩下一棵二叉树时，这棵二叉树便是所要建立的 Huffman 树。

Huffman 编码具体构造方法如下：设需要编码的字符集合为$\{d_1, d_2, \cdots, d_n\}$，各个字符在电文中出现的次数集合为$\{w_1, w_2, \cdots, w_n\}$，以 $d_1, d_2, \cdots, d_n$ 作为叶节点，以 $w_1, w_2, \cdots, w_n$ 作为各根节点到每个叶节点的权值构造一棵二叉树。

规定 Huffman 树中的左分支为 0，右分支为 1，则从根节点到每个叶节点所经过的分支对应的 0 和 1 组成的序列便为该节点对应字符的编码。

Huffman 译码则是将编码串从左到右逐位判别，直到确定一个字符。可以用生成 Huffman 树的逆过程实现。从根节点开始，根据每一位的值是 0 还是 1 确定选择左分支还是右分支——直到叶子节点，然后再从根节点出发，开始下一个字符的译码。

任务实现

```
/* 电文的编码与译码*/
#include <stdio.h>
#include <process.h>

#define TRUE 1
#define FALSE 0
#define MAXNUM 50

typedef struct           /* Huffman 树节点的结构 */
{
  char data;             /* 数据用字符表示 */
  int weight;            /* 权值 */
```

```
    int parent;            /* 双亲 */
    int lchild;            /* 左孩子 */
    int rchild;            /* 右孩子 */
}HuffNode;

typedef struct             /* Huffman 编码的存储结构 */
{
    char bits[MAXNUM];     /* 存放编码位串 */
    int start;             /* 编码的起始位置 */
}HuffCode;

/* 建立 Huffman 树 */
int HuffmanCreate(HuffNode * HT)
{
    int i, k, n, m1, m2, p1, p2;
    printf("请输入元素个数:");
    scanf("%d", &n);
    /* 输入节点值和信息 */
    for(i=1; i<=n; i++)
    {
        getchar();         /* 接收回车 */
        printf("第%d个元素的=>\n\t节点值:", i);
        scanf("%c", &HT[i].data);
        printf("\t权  重:");
        scanf("%d", &HT[i].weight);
    }

    /* 对数组初始化 */
    for(i=1; i<=2*n-1; i++)
        HT[i].parent=HT[i].lchild=HT[i].rchild=0;

    for(i=n+1; i<=2*n-1; i++)
    {
        m1=m2=32767;                 /* 初始化,令 m1、m2 为最大短整数 */
        p1=p2=1;
        for(k=1; k<=i-1; k++)        /* 从数组 HT[1]到 HT[i-1]中找出 */
            if(HT[k].parent==0)      /* parent 为 0 并且权值最小的两个节点 */
                if(HT[k].weight< m1)
                {
                    m2=m1;           /* m1 为最小权值 */
                    p2=p1;           /* p1 为最小权值的位置 */
                    m1=HT[k].weight; /* m1 存放最小权值 */
                    p1=k;
                }
```

```
            else if(HT[k].weight<m2)
            {
                m2=HT[k].weight;           /*  m2 为次小权值 */
                p2=k;                      /*  p2 为次小权值的位置 */
            }
            HT[p1].parent=i;               /*  i 分别赋给下标为 p1、p2 的数组中 */
            HT[p2].parent=i;
            HT[i].weight=m1+m2;            /*  新节点的权值为子节点权值的和 */
            HT[i].lchild=p1;               /*  p1 为新节点的左孩子 */
            HT[i].rchild=p2;               /*  p2 为新节点的右孩子 */
    }
    printf("Huffman 树已成功建立!\n");
    return n;                              /* 返回节点个数 */
}
void Encoding(HuffNode HT[],HuffCode HC[],int n)   /*  Huffman 编码 */
{
    HuffCode d;
    int i,k,f,c;
    for(i=1; i<=n; i++)                    /* 对所有节点循环 */
    {
        d.start=n+1;                       /*  起始位置 */
        c=i;                               /*  从叶节点开始向上 */
        f=HT[i].parent;
        while(f!=0)                        /*  直到树根为止 */
        {
            if(HT[f].lchild==c)
                d.bits[--d.start]='0';     /*  规定左树为代码 0 */
            else
                d.bits[--d.start]='1';     /*  规定右树为代码 1 */
            c=f;                           /*  c 指孩子的位置 */
            f=HT[f].parent;                /*  f 指双亲的位置 */
        }
        HC[i]=d;
    }
    printf("输出 Huffman 编码:\n");
    for(i=1; i<=n; i++)                    /*  输出 Huffman 编码 */
    {
        printf("%c:", HT[i].data);         /*  先输出节点 */
        for(k=HC[i].start; k<=n; k++)      /*  再输出其对应的编码 */
            printf("%c", HC[i].bits[k]);
        printf("\n");
    }
}
void Decoding(HuffNode HT[],HuffCode HC[],int n)   /*  Huffman 译码 */
```

```
{
  int f,m,k;
  char c, ch[200];                      /*  c接收输入电文,ch存储 */
  printf("请输入电文(0 or 1),以#为结束标志:\n");
  c=getchar();
  k=1;
  while(c!='#')                         /* 单个字符循环输入,以'#'结束 */
  {
      ch[k]=c;                          /*  将单个字符依次存入ch字符串中 */
      c=getchar();
      k=k+1;                            /*  ch数组下标后移 */
  }
  m=k;                                  /* 标记数组存储末尾位置 */
  f=2*n-1;
  k=1;                                  /*  k记录电文字符的个数 */
  printf("输出Huffman译码:\n");
  while(k< m)                           /*  k循环到数组末尾结束 */
  {
      while(HT[f].lchild!=0)            /*  直到左孩子节点为0结束 */
      {
          if(ch[k]=='0')                /*  若接收的字符为0,则存为左孩子 */
              f= HT[f].lchild;
          if(ch[k]=='1')                /*  若接收的字符为1,则存为右孩子 */
              f=HT[f].rchild;
          k++;                          /*  ch数组下标后移 */
      }
      printf("%c", HT[f].data);
      f=2*n-1;                          /*  每次都从根节点开始查找 */
  }
  printf("\n");
}
int main(int argc,char *argv[])
{
  int n, select, flag=FALSE;            /*  flag为0时标记第一次选择功能 */
  HuffNode HT[2*MAXNUM];                /*  定义存放Huffman树的数组 */
  HuffCode HC[MAXNUM];                  /*  定义存放编码的数组 */
  while(TRUE)
  {
      printf("\t  请选择您所要实现的功能:(请输入1-4数字)\n");
      printf("\t1---建立Huffman树\n");
      printf("\t2---编码\n");
      printf("\t3---译码\n");
      printf("\t4---退出系统\n");
      scanf("%d",&select);
```

```
        if(select!=1 && select!=4 && flag==0)
        {                                           /* 提示先建立 Huffman 树或退出 */
            printf("请先建立 Huffman 树再选择其他功能!\n");
            continue;
        }
        flag=TRUE;
        switch(select)                              /* 选择功能 */
        {
        case 1:
            n=HuffmanCreate(HT);
            break;
        case 2:
            Encoding(HT, HC, n);
            break;
        case 3:
            Decoding(HT, HC, n);
            break;
        case 4:
            exit(0);
        }
    }
    return 0;
}
```

源文件下载

测试用例

给定字符集为{a,b,c,d},其各自频率(权值)为:a:4,b:2,c:1,d:5 如表 1-2,表 1-3 所示。

表 1-2 电文编码与译码的测试用例

完结状态							
下标	0	1	2	3	4	5	6
data	a	b	c	d			
weight	4	2	1	5	3	7	12
parent	5	4	4	6	5	6	−1
lchild	−1	−1	−1	−1	2	4	3
rchild	−1	−1	−1	−1	1	0	5

表 1-3 Huffman 编码数组 HC[N]

	start	bits[0]	bits[1]	bits[2]	bits[3]
HC[0]	2			1	1
HC[1]	1		1	0	1
HC[2]	1		1	0	0
HC[3]	3				0

知识积累

在程序设计中,如果操作的数据对象之间存在一对多的关系(层次关系)时,常常需要使用树结构来组织数据。树结构的技术要点如下:

1. 树与二叉树的结构

(1) 树的定义。

树是 n(n>0)个节点的有限集,在任意一棵树中:

① 有且只有一个特定的根(root)节点;

② 当 n>1 时,其余节点可分为 m(m>0)个互不相交的有限子集 $T_1, T_2, \cdots, T_m$,每个子集是一棵树,称为子树。

树是一种非线性结构,具有以下特点:

它的每一节点可以有零个或多个后继节点,但有且只有一个前趋节点(根节点除外);这些数据节点按分支关系组织起来,清晰地反映了数据元素之间的层次关系。可以看出,数据元素之间存在的关系是一对多的关系。

(2) 二叉树的定义。

二叉树是有限的节点集合。

① 这个集合或者是空;

② 或者由一个根节点和两棵互不相交的称为左子树和右子树的二叉树组成。

可用C语言的数组,也可用链表来存储树与二叉树。本任务使用结构体数组来存储二叉树。

2. 树与二叉树的基本操作

(1) 树与二叉树的创建;

(2) 树与二叉树的遍历。

思考与提高

本任务介绍了具有一对多关系的数据对象集合的组织和存储技术,希望读者能进一步体会程序设计中数据组织的重要性,做到学以致用,提高程序设计技能。

1.7　供热管网建设问题

任务描述

【任务 1.7】某城市需在其各个小区之间修建供热管网。由于供热管网的建设费用昂贵,因此需要合理安排供热管网的建设路线,即可把热能供应到各个小区,并使总的建设费用最小。已知各小区之间的供热管网建设预算费用如图 1-9 所示,其中,0 号顶点为热源点,1 至 7 号顶点为小区代号,图中各条边为供热管网建设的预算费用(单位为百万元),两小区之间没有直接连接边表示:由于自然条件原因,两小区之间不允许或无法直接建设供热管网。请设计一个程序,给出总建设费用最小的方案及其建设费用。

任务分析

1. 数据组织

使用C语言的二维数组来组织与存储各小区之间管网建设的预算费用,元素值为小区之间管网建设的预算费用,用无穷大表示那些没有给出小区之间管网建设的预算费用。得到二维数组如图1-10所示。

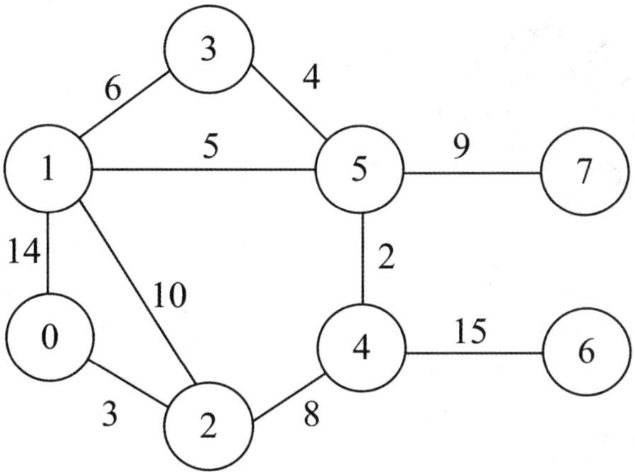

图1-9　某城市各个小区之间供热管网建设预算费用示意图

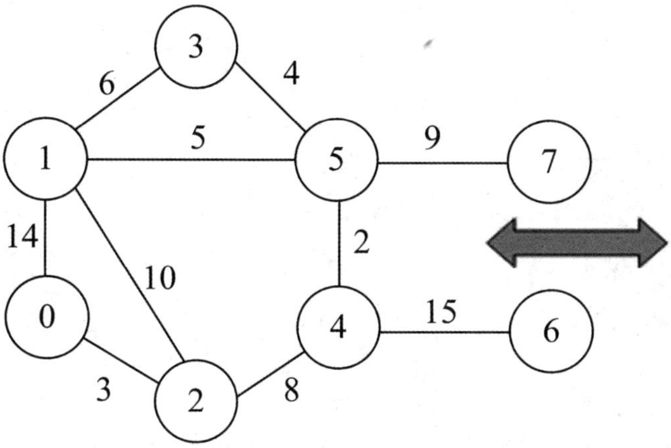


```
#define M 10000   //无穷大
int  cost[N][N]={
  { 0,14, 3, M, M, M, M, M},
  {14, 0,10, 6, M, 5, M, M},
  { 3,10, 0, M, 8, M, M, M},
  { M, 6, M, 0, M, 4, M, M},
  { M, M, 8, M, 0, 2, 15,M},
  { M, 5, M ,4, 2, 0, M, 9},
  { M, M, M, M,15, M, 0, M},
  { M, M, M, M, M, 9, M, 0}
};
```

图1-10　供热管网建设预算费用的数组表示

在求解的过程中，需要计算一个小区到其余各个小区的费用并进行比较，以求出最小费用。设计一个结构体数组保存中间计算结果。定义如下：

```
typedef struct
{
  float cost;          //费用
  int   vex;           // 小区编号
} ShortCost;
```

使用一维数组parent存储得出的建设方案中的小区编号，其元素值与对应的下标的二元组是方案中选取的管网，例如，parent[1]=5，则表示选取建设小区1到小区5之间的供热管网。

2. 基本思路

把小区称为顶点，小区之间的供热管网称为边。求解供热管网建设方案的基本思路为：

(1) 初始化顶点集VT={0}，边集ET={ }，V={0,1,2,3,4,5,6,7}。

(2) 找费用最小的边(Vp,Vq)，且Vp∈VT，Vq∈V−VT；

(3) 将(Vp,Vq)并入ET，同时Vq并入VT；

(4) 重复(2)(3)步骤n−1次(n为小区个数)。

任务实现

```
#include <stdio.h>
#define N 8             /* 节点数 */
#define M 10000         /* 无穷大 */

int cost[N][N]={
  { 0, 14,  3,  M,  M, M,  M, M},
  {14,  0, 10,  6,  M, 5,  M, M},
  { 3, 10,  0,  M,  8, M,  M, M},
  { M,  6,  M,  0,  M, 4,  M, M},
  { M,  M,  8,  M,  0, 2, 15, M},
  { M,  5,  M,  4,  2, 0,  M, 9},
  { M,  M,  M,  M, 15, M,  0, M},
  { M,  M,  M,  M,  M, 9,  M, 0}
};


typedef struct
{
  float cost;           //费用
  int vex;              //小区编号
} ShortCost;

ShortCost SCs[N];

void MstPrim(int cost[][N], int v, int parent[])
{
  ShortCost SCs[N];
  int i,j, k,min;

  for(i=0; i<N; i++)
  {
      SCs[i].vex=v;
      SCs[i].cost=cost[v][i];
  }
  parent[v]=-1;

  for(i=0;i<N-1;i++)
  {
      for(min=M, j=0; j<N; j++) // 找最小非 0 值的下标 k
      {
          if(SCs[j].cost!=0 && SCs[j].cost<min)
          {
```

```
                min=SCs[j].cost;
                k=j;
            }
        }

        parent[k]=SCs[k].vex;
        SCs[k].cost=0;              // 将顶点 k 纳入生成树中
        for(j=0; j<N; j++)          // 修改 SCs[]
        {
            if(cost[k][j]<SCs[j].cost)
            {
                SCs[j].cost=cost[k][j];
                SCs[j].vex=k;
            }
        }
    }
}

main()
{
  int i, totalCost=0;
  int parent[N]={-1};
  MstPrim(cost, 0 ,parent);
  for(i=0; i<N; i++)
      printf("%d", parent[i]);
  for(i=1; i<N; i++)
  {
      totalCost=totalCost+cost[i][parent[i]];
  }
  printf("\n 总费用:%d\n", totalCost);
}
```

源文件下载

测试用例

保存计算结果的 parent 数组值如表 1-4 所示。

表 1-4　最优建设方案的 parent 值

下标	0	1	2	3	4	5	6	7
值	−1	5	0	5	2	4	4	5
边	无	(1,5)	(0,2)	(3,5)	(2,4)	(4,5)	(4,6)	(5,7)

知识积累

在程序设计中,如果操作的数据对象之间存在多对多的关系(网状关系)时,常常需要使用图结构组织数据。图结构的技术要点如下。

1. 图的存储

图由顶点与边构成,常记为:G=(V,E),其中,V 是顶点集,E 是顶点间二元关系的集合。可采用 C 语言的数组来存储图,也可使用链表来存储图。

2. 图的基本操作

图的基本操作包括:

深度遍历 DFSTraverse;

广度遍历 BFSTraverse。

思考与提高

(1) 若把 parent 数据的元素结构修改一下,应该怎样修改程序?

```
typedef struct_parent {
  int  parent;
  int  child;
} Parent;
```

(2) 本任务介绍了具有多对多关系的数据对象集的组织和存储技术,希望读者能进一步体会程序设计中数据组织的重要性,做到学以致用,提高程序设计技能。

1.8 简单学生成绩管理系统

任务描述

【任务 1.8】 设计一个简单的学生成绩管理系统,输入、存储与输出学生的学号、姓名及某门课的成绩,并可保存到外部文件 grade. txt 中。

任务分析

1. 数据组织

使用 C 语言提供的结构体数组来组织学生的成绩信息,使用外部文件来长期保存学生的成绩信息。

2. 基本思路

(1) 编写 Input 函数实现成绩信息输入;

(2) 编写 Output 函数实现成绩信息输出;

(3) 编写 SaveToFile 函数实现存储成绩信息到外部文件;

(4) 编写 Average 函数,计算平均成绩。

任务实现

```
#include <stdio.h>

#define N 3

typedef struct student {
  int xh;
  char xm[20];
```

```
    float cj;
} Student;


void Input(Student st[], int n)
{
    int i;
    for(i=0; i<n; i++)
    {
        printf("\n 学号:");
        scanf("%d", &st[i].xh);
        printf("\n 姓名:");
        scanf("%s", &st[i].xm);
        printf("\n 成绩:");
        scanf("%f", &st[i].cj);
    }
}

float Average(Student st[], int n)
{
    int i;
    float sum=0.0;
    for( i=0; i<n; i++)
        sum=sum+st[i].cj;
    printf("平均成绩:%.2f\n", sum/n);
    return sum/n;
}

void Output(Student st[], int n)
{
    int i;
    printf("学号\t 姓名 \t 成绩\n");
    for(i=0; i<n; i++)
        printf("%d\t%s\t%.2f\n", st[i].xh,st[i].xm,st[i].cj);
}

int SaveToFile(Student st[], int n)
{
    FILE * fp;
    int i;
    if ((fp=fopen("grade.txt", "w+"))==NULL)
    {
        printf("文件打开失败!\n");
        return-1;
```

```
    }

    for (i=0; i<n; i++)
    {
        fprintf(fp, "%d %s %f\n", st[i].xh, st[i].xm, st[i].cj);
    }
    fclose(fp);
    printf("文件保存成功!\n");
    return 1;
}

main()
{
    Student st[N];
    printf("请输入成绩信息:\n");
    Input(st, N);
    Output(st, N);
    Average(st, N);
    SaveToFile(st, N);
}
```

源文件下载

测试用例

输入信息后,程序运行的界面如图 1-11 所示,找到 grade. txt 文件,并查看文件内容是否相符。

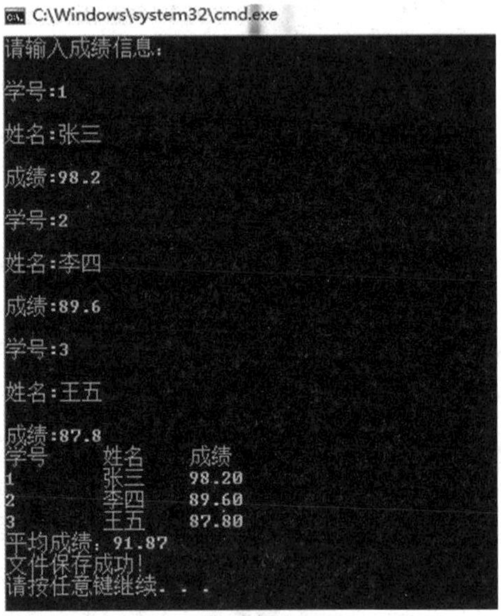

图 1-11 简单成绩管理系统的程序运行结果

知识积累

如表 1-5 所示,C 语言提供了外部文件操作的标准库函数。

表 1-5　C 语言外部文件操作标准库函数

分类	函数	说明
文件打开	fopen	打开一个文件
文件关闭	fclose	关闭一个文件
文件读写	fgetc	从文件中读取一个字符
	fputc	写一个字符到文件中去
	fgets	从文件中读取一个字符串
	fputs	写一个字符串到文件中去
	fprintf	往文件中写格式化数据
	fscanf	格式化读取文件中数据
	fread	以二进制形式读取文件中的数据
	fwrite	以二进制形式写数据到文件中去
	getw	以二进制形式读取一个整数
	putw	以二进制形式存储一个整数
文件状态检查函数	feof	文件结束
	ferror	文件读/写出错
	clearerr	清除文件错误标志
	ftell	了解文件指针的当前位置
文件定位函数	rewind	指向一个文件的开头
	fseek	随机定位

思考与提高

(1) C 语言提供了丰富的标准库函数，在学习 C 语言的过程中，应该逐步学会使用一些常用的库函数，以提高编码效率。

(2) 在实际应用中，经常需要读入存储在外部介质(如磁盘)上的一些数据信息，也需要把计算得到的数据信息存储到外部介质上，以便可以长期保留，这时就需要使用外部文件来管理这些数据信息。C 语言进行文件操作，首先需打开文件，然后调用相应函数来读写文件中保存的数据信息，最后还需要关闭文件。

(3) 本章依次在具体实例中引入了数组、链表、栈、队列、二叉树、图、文件等数据组织技术，这些都是程序员编写程序时经常需使用的技术。我们并没有强调这些技术涉及的专用概念与术语，也没有围绕各种技术进行全面而详细的阐述，而是着重于怎样在现实问题中应用这些技术。希望读者在学习该章的过程中，编写程序时围绕如下几点进行总结与思考，而不必拘泥于那些呆板的概念性的东西：

① 根据现实问题中数据对象的特征，程序采用哪种数据组织技术较适合？

② 各种数据组织技术的基本编程模式是什么？

③ 怎样采用 C 语言的结构体、指针、数组等知识来实现某种数据组织技术？

第 2 章　算法设计技术

人类解决问题的思维方式可以分为两大类：一类是推理方式，凭借公理系统思维方法，从抽象公理体系出发，通过演绎、归纳、推理来求证结果，解决特定问题；另一类是算法方式，凭借算法构造思维方式，从具体操作规范入手，通过操作过程的构造和实施解决特定问题。在开发软件系统的过程中，所凭借的思维方式本质上不同于常规数学训练的公理推理方式，而是一种算法构造性思维方式。本章以实用案例为线索，介绍在程序设计时常用到的算法及其应用技巧。

2.1　计算一元多项式的值

任务描述

【任务 2.1】 设计一个程序，计算一元多项式 $f(x)=a_0+a_1x+a_2x^2+\cdots+a_nx^n$ 的值。

任务分析

1. 数据组织

用一维数组存储多项式中各项的系数，从 a_0 依次存储到 a_n。定义如下：

```
float coef[N]={0};
```

2. 基本思路

将多项式 f(x)转换为递推表达形式：$f(x)=a_0+(a_1+(a_2+\cdots+(a_{n-1}+a_nx)x)\cdots x)x$ 后，用递推的方法从高幂次向低幂次方向依次计算。

任务实现

```
#include <stdio.h>
#define N 10

/* 计算多项式的值*/
float Eval(float coef[],int n,float x)
{
  int i;
  float f;
  for(f=coef[n], i=n-1; i>=0; i--)
  {
      f=f *x+coef[i];  /* 递推计算公式 */
      printf("\n 第【%d】步% f\n", n-i, f);
  }

  return(f);
}
```

```
/* 输入多项式 */
void InputCoef(float coef[], int n) {
  int i;
  for(i=0; i<n; i ++)
  {
     printf("input coef[%d]:\n",i);
     scanf("%f", &coef[i]);
  }
}

/* 主函数 */
main()
{
  float coef[N]={0}, x, result;
  int n;
  printf("Input n:");
  scanf("%d", &n);
  printf("Input x:");
  scanf("%f", &x);
  InputCoef(coef, n);
  result=Eval(coef, n, x);
  printf("%f\n", result);
}
```

源文件下载

测试用例

分别输入表 2-1 中两组数据，观察并分析运行结果。

表 2-1　多项式计算的测试用例

第一组测试数据	第二组测试数据
n=3 x=2 coef[0]=1，coef[1]=2，coef[3]=3	n=2 x=2 coef[0]=1，coef[1]=2

知识积累

本任务采用递推的方法来求解。递推是数学与程序设计中一种经常使用的算法。它按照一定的规律来计算数据序列中的每个项，通常是通过数据序列中前面的一些项来求出数据序列中的后续指定项的值。基本思想是把一个复杂的计算过程转化为简单过程的多次重复。递推算法的关键是找到计算的递推公式，或数据处理的递推处理步骤。

思考与提高

(1) 如果输入的 n 大于 10，会出现什么情况？分析其原因。

(2) 如果采用先计算多项式每项的值，再把所有项相加的方法计算，怎样修改程序？

(3) 程序设计的过程中，首先必须理清求解问题的方法与步骤。不同类型的问题，采用的方法与步骤可能不相同。读者在学习C语言的过程中,应该逐步掌握一些常用的算法,融会贯通,应用到它们适用的问题中,积累形成程序设计的基本思路,逐步提高程序技能。

2.2 兔子繁殖

任务描述

【任务2.2】一般而言,兔子在出生两个月后,就有繁殖能力,一对兔子每个月能生出一对小兔子来。设计一个程序,在所有兔子都不死的情况下,计算n个月以后兔子总对数。

任务分析

1. 数据组织

本任务不需要涉及复杂数据对象的管理。

2. 基本思路

可以看出,第1至第7个月,每个月兔子的总对数分别是1,1,2,3,5,8,13。分析以上数据,可找到兔子总对数的变化规律:前两个月为1,从第三个月开始,每个月兔子的总对数为前两个月兔子的总对数之和。可得到第n个月兔子总对数的计算公式 $f(n)=f(n-1)+f(n-2)(n>2)$,即根据前两项的值来计算后续项的值,且已知 $f(1)=1,f(2)=1$。

那么,编写程序时,怎样计算f(n)呢? 一种方法是采用任务2.1中的递推法,用第n−1个月与第n−2个月的值递推计算出第n个月的值,这种方法需要用某种方式(可用数组,也可只使用两个变量)保存上两月的值,以用于下一个月的计算,请读者自行思考完成。

本任务中,我们采用另一种方法。学习完C语言的函数后,读者知道函数可以互相调用,如果把计算f(n)定义为一个函数,则计算公式 $f(n)=f(n-1)+f(n-2)$ 就可表示为调用函数 $f(n-1)$ 与函数 $f(n-2)$ 来计算 $f(n)$,而 $f(n-1)$、$f(n-2)$ 与 $f(n)$ 的函数名称相同,只是调用时参数值不同,这种调用方式称为函数自调用,也称为递归调用。本任务采用递归方法来实现,具体来说,方法如下:

(1)当 $n=1$ 或 $n=2$ 时,f(n)直接取值为1;

(2)当 $n>2$ 时,调用 $f(n-1)+f(n-2)$ 计算 f(n)。

任务实现

```
#include <stdio.h>

/* 计算第n个月兔子总对数的递归函数 */
int Fibonacci(int n)
{
  if(n==1 || n==2)
  {
      return 1;
  }
  else
  {
      //当前月兔子总对数等于前两个月的总对数之和。
        return (Fibonacci(n-1)+ Fibonacci(n-2));
```

```
    }
}

/*  主函数 */
main()
{
        int num, result;
        printf("输入第几个月:");
        scanf("%d", &num);
        result=Fibonacci(num);
        printf("第%d个月的兔子数量为:%d\n", num, result);
}
```

源文件下载

测试用例

（1）输入10，验证程序输出的兔子数量是否正确。

（2）输入1000，你的计算机运行有什么效果，请说明原因。

知识积累

本任务没有使用任务2.1介绍的递推法求解，而是使用递归法来求解。递归是一种非常重要的解决问题的方法，在计算机科学和数学等领域有着广泛的应用。使用递归往往能够使复杂的问题简单化，使相应的算法简明扼要、结构清晰。当求解一个问题时，若是通过求解与它具有同样解法的、相对简化的子问题而得到的，可使用递归。一个递归的求解问题必然包含终止递归的条件，当满足一定条件时就终止继续向下递归，从而使最小的问题不通过递归而直接得到解决，然后再依次返回解决较大的问题，最后解决整个问题。解决递归问题的算法称为递归算法，在递归算法中需要根据递归条件直接或间接地调用算法本身，当满足终止条件时结束递归调用。当然对于一些简单的递归问题，很容易把它转换为循环问题来解决，使编写出的算法更为高效。

一般来说，递归由三个部分构成：边界条件、递归前进段以及递归返回段。当边界条件不满足时，递归前进；当边界条件满足时，递归返回。

递归现象是自然界存在的一种奇妙的现象，能够用递归调用解决的问题，必须满足下列条件：

（1）问题要有出口，否则递归调用将成为死循环；

（2）问题是有限规模的。

递归调用与上一章使用的栈数据组织技术密切相关。

思考与提高

（1）本任务虽然比较简单，给出的程序代码也非常简短，但它提供了用递归来求解实际问题的一个思路。

（2）有很多现实问题就是通过递归来描述的，解决这类问题可以首先考虑递归算法。对递归的理解也借鉴数学知识中的数学归纳法。

（3）学习一种算法，主要是掌握其基本思想、步骤以及其适用范围。

2.3 查找有序数组中的值

任务描述

【任务 2.3】 设计一个程序,输入整数 x,在从小到大排列的整数数列 $a_0,a_1,a_2,\cdots,a_n$(例如{23, 34, 56, 65, 87})中查找其值为 x 的元素的位置。

任务分析

1. 数据组织

使用数组来组织与存储整数数列。

2. 基本思路

在整数数列中,取中间元素与 x 进行比较,若 x 与中间元素的值相等,则查找成功;若 x 小于中间元素的值,则在中间元素的左半区继续查找;若 x 大于中间元素的值,则在中间元素的右半区继续查找。不断重复上述查找过程,直到查找成功,或整数数列没有与 x 的值相同的元素,查找失败。具体实现的步骤如下:

(1) 设查找区间为:[low, high],并置 low 的初始值为 0,high 的初始值为 n−1;

(2) 取 mid=(low+high)/2;

(3) 若 x 等于 a[mid],则查找成功,退出并返回 mid;若 x>a[mid],则置 low=mid+1 迭代缩小查找区间为:[low, high];若 x<a[mid],置 high=mid−1,迭代缩小查找区间为:[low, high]。

(4) 重复第(2)(3)步,直到查找成功或搜索完整个数组。

任务实现

```
#include <stdio.h>
int BinSearch(int a[], int n, int x)
{/* 成功时返回元素的位置,失败时返回-1*/
  int low=0,high=n-1, mid;      /* 置当前查找区间上、下界的初值*/
  while(low<=high)
  {
      /* 当前查找区间 a[0..n-1]非空 */
      mid=(low+ high)/2;
      if(a[mid]==x)
          return mid;           /* 查找成功返回*/
      if(a[mid]>x)
          high= mid-1;          /* 继续在 a[low…mid-1]中查找*/
      else
          low= mid+1;           /* 继续在 a[mid+1…high]中查找*/
  }
  return -1;                    /* 当 low> high 时表示查找区间为空,查找失败*/

}
```

```
main()
{
  int x, location;
  int a[5]={23, 34, 56, 65, 87};
  printf("input x:");
  scanf("%d", &x);
  location=BinSearch(a, 5, x);
  printf("x的位置:%d,-1表示没找到", location);
}
```

源文件下载

测试用例

（1）输入 56,观察程序输出结果;

（2）输入 66,观察程序输出结果。

知识积累

本任务采用迭代算法来求解。迭代法是数学中常用的一种算法,如求方程根的牛顿下山法。迭代算法也是计算机解决问题的一种基本方法。迭代法也称辗转法,是一种不断迭代的过程。它利用计算机运算速度快、适合做重复性操作的特点,通过多次迭代计算来求解,而不是一次性就给出问题的解。

思考与提高

查找算法是程序设计中经常需要使用的算法,请读者参阅相关的书籍,总结出查找算法的基本思路,提高算法设计能力。

2.4　迷宫问题

任务描述

【任务 2.4】 给定一个 M×N 的迷宫图,求一条从指定入口到出口的路径。假设迷宫图如图 2-1 所示(M=10,N=10),其中的方块图表示迷宫。对于图中的每个方块,用空白表示通道,用阴影表示墙。要求所求路径必须是简单路径,即在求得的路径上不能重复出现同一通道块。

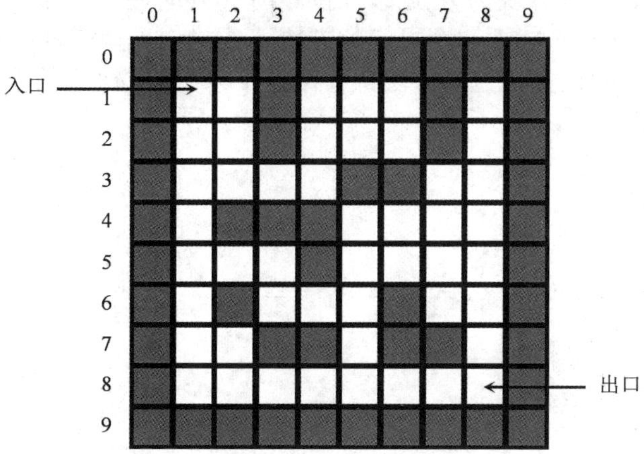

图 2-1　迷宫示意图

任务分析

1. 数据组织

设置一个二维数组 maze 表示迷宫,其中每个元素表示一个方块的状态。其值的含义分别为:0—通道;1—墙壁;3—向下走;4—向右走;5—向左走;6—向下走;7—入口;8—障碍;9—出口。

迷宫定义如下(初始时只给出通道、墙壁及其障碍,其他暂用 0 表示):

```
int maze[10][10] =
  {
      {1, 1, 1, 1, 1, 1, 1, 1, 1, 1},
      {1, 0, 0, 8, 0, 0, 0, 8, 0, 1},
      {1, 0, 0, 8, 0, 8, 0, 8, 0, 1},
      {1, 0, 0, 0, 0, 8, 8, 0, 0, 1},
      {1, 0, 8, 8, 8, 0, 0, 0, 0, 1},
      {1, 0, 0, 0, 8, 0, 0, 0, 0, 1},
      {1, 0, 8, 0, 0, 0, 8, 0, 0, 1},
      {1, 0, 0, 8, 8, 0, 8, 8, 0, 1},
      {1, 0, 0, 0, 0, 0, 0, 0, 0, 1},
      {1, 1, 1, 1, 1, 1, 1, 1, 1, 1}
  };
```

另外,在处理过程中,需要使用一个数组保存处理过程中迷宫方块的位置以及其状态,在沿原路退回时可找到退回的方块。其元素结构定义如下:

```
typedef struct {
  int row;            //方块所在的行
  int col;            //方块所在的列
  int direction;      //行走方向或障碍
} MazeBox;            //迷宫方块
```

2. 基本思路

迷宫问题就是在一个指定的迷宫中求出从入口到出口的路径。求解时,通常用的是穷举法以及回溯法,即从入口出发,顺某一方向向前试探,若能走通,则继续往前走;否则沿原路退回,换一个方向再继续试探,直至所有可能的通路都试探完为止。

对于迷宫中的每个方块,有上下左右 4 个方块相邻,如图 2-2 所示,第 i 行第 j 列的方块的位置记为(i,j),规定上方方块为方位 0,并按顺时针方向递增编号。在试探过程中,假设从方位 0 到方位 3 的顺序查找下一个可走的方块。

为了便于回溯,需把试探走过的方块都要保存下来,并试探它的下一可走的方位,将这个可走的方位保存到数组中。

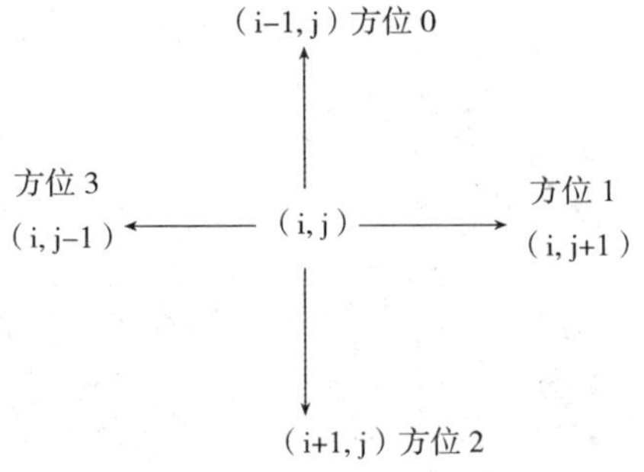

图 2-2 穷举搜索方块的四个方向

具体来说，求解迷宫从入口(xi,yi)到出口(xe,ye)路径的过程是：

先将入口保存到数组 box[]中，在 box[]不空时循环：取 box[]最后一个方块，若该方块是出口，则结束并输出路径。

否则，找下一个可走的相邻方块，若不存在这样的方块，说明当前路径不可能走通，则回溯，也就是恢复当前方块之前方块。若存在这样的方块，则将其方位保存到数组中，并将这个可走的相邻方块保存。

求迷宫路径的回溯过程如图 2-3 所示，从前一方块找到一个可走相邻方块即当前方块后，再从当前方块找相邻可走方块，若没有这样的方块，说明当前方块不可能是从入口到出口路径上的一个方块，则从当前方块回溯到前一方块，继续从前一方块找另一个可走的相邻方块。

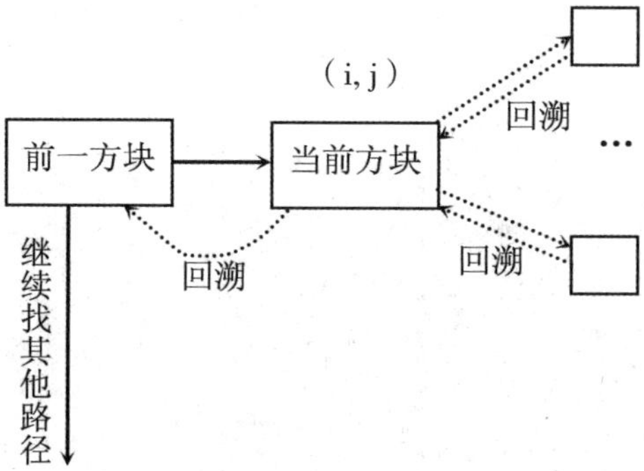

图 2-3　回溯过程

任务实现

```
#include <stdio.h>
#include <malloc.h>
#include <string.h>
#define MAXCOL 10
#define MAXROW 10
#define MAX   10000

#define WALL          1 //墙壁
#define DOWN          3 //向下
#define RIGHT         4 //向右走
#define LEFT          5 //向左走
#define UP            6 //向上走
#define ENTRANCE      7 //入口
#define BALK          8 //障碍
#define EXIT          9 //出口

typedef struct {
  int row;            //方块所在的行
  int col;            //方块所在的列
  int direction;      //行走方向或障碍
} MazeBox;            //迷宫方块
```

```
void ShowMaze(int maze[][MAXCOL]);
int DFS(MazeBox box[], int maze[][MAXCOL]);
int Judge(int x, int y, int maze[][MAXCOL]);
void Direction(MazeBox box[], int maze[][MAXCOL]);

/* 主函数 */
void main()
{
    int maze[MAXROW][MAXCOL] =
   {
        {1, 1, 1, 1, 1, 1, 1, 1, 1, 1},
        {1, 0, 0, 8, 0, 0, 0, 8, 0, 1},
        {1, 0, 0, 8, 0, 8, 0, 8, 0, 1},
        {1, 0, 0, 0, 0, 8, 8, 0, 0, 1},
        {1, 0, 8, 8, 8, 0, 0, 0, 0, 1},
        {1, 0, 0, 0, 8, 0, 0, 0, 0, 1},
        {1, 0, 8, 0, 0, 0, 8, 0, 0, 1},
        {1, 0, 0, 8, 8, 0, 8, 8, 0, 1},
        {1, 0, 0, 0, 0, 0, 0, 0, 0, 1},
        {1, 1, 1, 1, 1, 1, 1, 1, 1, 1}
   };
MazeBox box[MAX]={0};

   if(DFS(box, maze))
   {
     printf("找到一条通路为:\n\n");
     Direction(box, maze);
   }
   else
   {
     printf("没有通路\n\n");
   }

   maze[1][1]=ENTRANCE;      //设为入口
   maze[10][10]=EXIT;        //设置出口
   ShowMaze(maze);
}

/* 显示迷宫图 */
void ShowMaze(int maze[][MAXCOL])
{
   int i,j;
   for(i=0; i<MAXROW; i++)
```

```
    {
      for(j=0; j<MAXCOL; j++)
      {
        if(maze[i][j]==WALL)             //墙壁
          printf("※");
        else if(maze[i][j]==DOWN)        //向下走
          printf("↓");
        else if(maze[i][j]==RIGHT)       //向右走
          printf("→");
        else if(maze[i][j]==UP)          //向上走
          printf("↑");
        else if(maze[i][j]==LEFT)        //向左走
          printf("←");
        else if(maze[i][j]==ENTRANCE) //入口
          printf("●");
        else if(maze[i][j]==EXIT)        //出口
          printf("★");
        else if(maze[i][j]==BALK)        //障碍
          printf("■");
        else
          printf("  ");
      }
      printf("\n");
    }
}

/* 用深度优先搜索策略找出通路 */
int DFS(MazeBox box[], int maze[][MAXCOL])
{
    int t=0, h=0, i, bx=1, by=1;
    int xx, yy;
    int flag=0;
    box[++t].row=bx;
    box[t].col=by;
    while(t>0)
    {
        xx=box[t].row;
        yy=box[t].col;
        flag=0;

        if(xx==MAXROW-2  && yy==MAXCOL-2) //减掉两边的墙壁
          return 1;

        //穷举四个方向
```

```
for(i=1; i<=4; i++)
{
  if(i==1) //下
  {
      if(Judge(xx+1, yy, maze)==0)
      {
        continue;
      }
      box[++t].row=xx+1;
      box[t].col=yy;
      box[t-1].direction=DOWN;
      flag=1;
      break;
  }
  else if(i==2) //右
  {
    if(Judge(xx, yy+1, maze)==0)
    {
      continue;
    }
    box[++t].row=xx;
    box[t].col=yy+1;
    box[t-1].direction=RIGHT;
    flag=1;
    break;
  }
  else if(i==3) //上
  {
    if(Judge(xx-1, yy, maze)==0)
    {
      continue;
    }
    box[++t].row=xx-1;
    box[t].col=yy;
    box[t-1].direction=UP;
    flag=1;
    break;
}
else if(i==4)//左
{
  if(Judge(xx, yy-1, maze)==0)
  {
    continue;
  }
```

```
            box[++t].row=xx;
            box[t].col=yy-1;
            box[t-1].direction=LEFT;
            flag=1;
            break;
          }
        }
        //回溯
        if(flag==0)
        {
            maze[box[t].row][box[t].col]=2;
            t--;
        }
    }
    return 0;
}

/* 判断当前位置是否可走 */
int Judge(int x, int y, int maze[][MAXCOL])
{
    if(x<1 || x>MAXROW-1 || y<1 || y>MAXCOL-1)
    {
        return 0;
    }
    if(maze[x][y]!=0)
    {
        return 0;
    }
    maze[x][y]=2;
    return 1;
}

/* 设置某个迷宫格的行走方向 */
void Direction(MazeBox box[], int maze[][MAXCOL])
{
    int i=0;
    while(box[++i].direction>0)
    {
        maze[box[i].row][box[i].col]=box[i].direction;
    }
}
```

测试用例

运行程序，观察程序运行结果。

知识积累

穷举法的基本思路是:对于要解决的问题,列举出它的所有可能的情况,逐个判断有哪些是符合问题所要求的条件,从而得到问题的解。首先根据问题的部分条件预估答案的范围,然后在此范围内对所有可能的情况进行逐一验证,直到全部情况通过了验证为止。若某个情况使验证符合题目的全部条件,则该情况为本题的一个答案;若全部情况验证结果均不符合题目的全部条件,则说明该题无答案。特点:算法简单,容易理解,但运算量大。通常可以解决"有几种组合""是否存在""求解不定方程"等类型的问题。

回溯法是程序设计时经常使用的方法。它选择某种方式向前试探求解,但当试探到某一步时,发现上一步试探不可行,就退回一步重新试探,这种走不通就退回再走的技术为回溯法。

思考与提高

(1) 本任务的参考实现代码中,使用了穷举法与回溯法,给读者提供了一个使用穷举法与回溯法的参考模板。

(2) 修改、完善参考程序,确保找到迷宫中最优的路径(经过的方块最少)。

(3) 修改、完善参考程序,实现找到迷宫中所有的路径。

2.5 活动安排

任务描述

【任务 2.5】 某高校学生会计划在某学期开展一系列活动,其中有第 11 个活动需要使用学校唯一的大礼堂才能进行。计划活动集合如表 2-2 所示,表中列出了各个活动的使用大礼堂的开始时间与结束时间,如第 1 个活动在 1 周开始持续到第 4 周结束。设计一个程序,输入上述 11 个计划的活动集合,求满足下列两个条件的最大活动子集。

(1) 学校大礼堂只能同时给一个活动使用;

(2) 开展活动的数量尽可能多。

可以看出,表 2-2 中满足这两个条件的最大活动子集为:$\{a_1, a_4, a_8, a_{11}\}$ 和 $\{a_2, a_4, a_9, a_{11}\}$。

表 2-2 某高校某学期计划的活动集合

活动编号	1	2	3	4	5	6	7	8	9	10	11
开始时间	1	3	0	6	3	5	6	8	8	2	12
结束时间	4	5	6	7	8	9	10	11	11	13	14

任务分析

1. 数据组织

采用 C 语言的结构体数据表示与存储计划活动集合,其元素结构如下:

```
typedef struct activity
{
  int start;   //开始时间
  int finish;  //结束时间
```

```
} Activity;
```

另外，使用数组保存求出的最大活动子集，其值为活动编号(初始化为 0)。定义为：

```
int result[N]={0};
```

2. 基本思路

采用贪心法来求解该问题。即每次挑选时，使剩余的可安排时间段极大化，以便安排尽可能多的活动。

(1) 将活动集的活动按其结束时间进行从小到大排序；

(2) 从活动集挑选出结束时间尽量早的活动，且它的开始时间晚于前一个被选中活动的结束时间；

(3) 重复第(2)步，直到搜索完活动集合的所有活动。

任务实现

```
#include <stdio.h>
#define N 11

typedef struct activity
{
  int start;
  int finish;
} Activity;

void GreedyActivitySelector(Activity act[], int result[]);
void PrintResult(int result[]);

int main()
{
  int result[N]={ 0 };
  Activity act[N+1]={{-1,-1},{1,4},{3,5},{0,6},{5,7},{3,8},{5,9},{6,10},{8,11},
                     {8,11},{2,13},{12,14}};

  GreedyActivitySelector(act, result);
  PrintResult(result);

  return 0;
}

void PrintResult(int result[])
{
  int i;
  printf("最大子集为:{");
  for(i=0; i<N; i++)
  {
    if(result[i]!=0)
```

```
        printf("a%d",result[i]);
    }
    printf("}\n");
}

void GreedyActivitySelector(Activity act[],int *result)
{
    int i, m;
    *result++=1;
    i=1;
    for(m=2; m<=N; m++)
      if(act[m].start>=act[i].finish)
      {
          *result++=m;
          i=m;
      }
}
```

源文件下载

测试用例

运行程序,观察程序运行结果。

知识积累

贪心算法是用来求解最优化问题的,相比较动态规划法,很多最优化问题使用贪心算法求解更为简单和高效,但是并不是所有的最优化问题都可以使用贪心算法来解决。

贪心算法的关键策略是在每个决策点都做出在当时看来最佳的选择。

1. 贪心算法的基本思想及策略

(1) 建立描述问题的数学模型。

(2) 把求解的问题分成若干个子问题。

(3) 对每一子问题求解,得到子问题的局部最优解。

(4) 把子问题的局部最优解合成原来解问题的一个解。

2. 适用的情况

贪心算法适用的前提是:局部最优策略能导致产生全局最优解。对一个问题分析是否适用于贪心算法,可以先选择该问题下的几个实际数据进行分析,就可做出判断。

动态规划是一种在数学和计算机科学中使用的,用于求解包含重叠子问题的最优化问题的方法。其基本思想是,将原问题分解为相似的子问题,在求解的过程中通过子问题的解求出原问题的解。动态规划的思想是多种算法的基础,被广泛应用于计算机科学和工程领域。

动态规划程序设计是求解最优化问题的一种途径与方法。由于各种问题的性质不同,确定最优解的条件也互不相同,因而动态规划的设计方法对不同的问题,有各具特色的解题方法,而不存在一种万能的动态规划算法,可以解决各类最优化问题。因此读者在学习时,除了要对基本概念和方法正确理解外,必须具体问题具体分析处理,以丰富的想象力去建立模型,用创造性的技巧去求解。

3. 动态规划法的思想及策略

基本思想是将待求解的问题分解为若干个子问题(阶段)，按顺序求解子阶段，前一子问题的解，为后一子问题的求解提供了有用的信息。在求解任一子问题时，列出各种可能的局部解，通过决策保留那些有可能达到最优的局部解，丢弃其他局部解。依次解决各子问题，最后一个子问题就是初始问题的解。

由于动态规划解决的问题多数有重叠子问题这个特点，为减少重复计算，对每一个子问题只解一次，将其不同阶段的不同状态保存在一个二维数组中。

4. 动态规划法的基本步骤

动态规划所处理的问题是一个多阶段决策问题，一般由初始状态开始，通过对中间阶段决策的选择，达到结束状态。这些决策形成了一个决策序列，同时确定了完成整个过程的一条活动路线(通常是求最优的活动路线)。动态规划的设计都有着一定的模式，一般要经历如图 2-4 所示的几个步骤。

初始状态→ | 决策 1 | → | 决策 2 | →…→ | 决策 n | →结束状态

图 2-4　动态规划决策过程示意图

(1) 划分阶段。

按照问题的时间或空间特征，把问题分为若干个阶段。在划分阶段时，注意划分后的阶段一定要是有序的或者是可排序的，否则问题就无法求解。

(2) 确定状态和状态变量。

将问题发展到各个阶段时所处于的各种客观情况用不同的状态表示出来。当然，状态的选择要满足无后效性。

(3) 确定决策并写出状态转移方程。

因为决策和状态转移有着天然的联系，状态转移就是根据上一阶段的状态和决策来导出本阶段的状态，所以如果确定了决策，状态转移方程也就可写出。但事实上常常是反过来做，根据相邻两个阶段的状态之间的关系来确定决策方法和状态转移方程。

(4) 寻找边界条件。

给出的状态转移方程是一个递推式，需要一个递推的终止条件或边界条件。

一般来说，只要解决问题的阶段、状态和状态转移决策确定了，就可以写出状态转移方程(包括边界条件)。

实际应用中可以按以下几个简化的步骤进行设计：

① 分析最优解的性质，并刻画其结构特征；

② 递归地定义最优解；

③ 以自底向上或自顶向下的记忆化方式(备忘录法)计算出最优值；

④ 根据计算最优值时得到的信息，构造问题的最优解。

思考与提高

(1) 修改完善程序，用动态规划法求解本任务。

(2) 本章以具体案例介绍了七种常用算法：递推法、递归法、迭代法、穷举法、回溯法、贪心法以及动态规划法。“纸上得来终觉浅，绝知此事要躬行”，想得心应手使用这些算法，还需要在程序设计时多实践，多总结。

第 3 章 界面开发技术

用户界面是软件系统和用户之间进行交互和信息交换的媒介，它实现信息的内部形式与人们可以接受形式之间的转换。一个实用的软件系统需要具有美观友好的操作界面与显示结果的界面，本章介绍项目中常使用的界面开发技术：控制台界面与 OpenGL 图形库，让读者在掌握 C 语言基础知识的情况下，初步掌握与界面开发相关的编程技术。

3.1 上下弹跳的红色小球

任务描述

【任务 3.1】 设计一个程序，在屏幕上显示上下弹跳的小球。

任务分析

基本思路

使用控制台提供的 API 实现小球显示的动态坐标管理以及颜色管理。步骤如下：

(1) 获取控制台标准输出的句柄；

(2) 设置控制台输出文本的属性；

(3) 使用 SetConsoleCursorPosition 设置小球的当前输出位置；

(4) 程序退出时关闭句柄。

任务实现

```
#include <stdio.h>
#include <stdlib.h>
#include <windows.h>

void GotoXY(HANDLE handle, int x, int y)
{
  COORD loc;
  loc.X=x;
  loc.Y=y;
  SetConsoleCursorPosition(handle, loc);
}

int main()
{
  int i,j;
  int x=0;
  int y=5;
```

```
    int velocity_x=1;
    int velocity_y=1;
    int left=0;
    int right=20;
    int top=0;
    int bottom=10;

    //获取控制台标准输出句柄
    HANDLE handle=GetStdHandle(STD_OUTPUT_HANDLE);

    //设置小球输出的颜色
    SetConsoleTextAttribute(handle, FOREGROUND_RED);
    while (1)
    {
        x=x+velocity_x;
        y=y+velocity_y;

        system("cls");          // 清屏函数

        //光标移动到输出位置
        GotoXY(handle, x, y);
        printf("●");            // 显示小球

        Sleep(50);              // 等待若干毫秒

        if ((x==top)||(x==bottom))
            velocity_x=- velocity_x;
        if ((y==left)||(y==right))
            velocity_y=- velocity_y;
    }

    //关闭句柄
    CloseHandle(handle);
    handle=NULL;
    return 0;
}
```

源文件下载

测试用例

修改程序中 velocity_x 与 velocity_y 的值，观察运行结果。

知识积累

Windows 操作系统是图形化界面的操作系统，运行在其上的每个应用程序的界面是以窗口方式直观展现给用户的。Windows 的界面编程分为两种：控制台界面编程和图形界面编程。

在C语言的初学阶段，为了专注于学习C语言知识，避免编写冗长的图形界面代码，一般都在控制台界面下编写与调试程序。控制台界面模拟了DOS的界面与操作机制，支持C语言的标准库函数，如printf与scanf等。可以直接使用C语言的库函数来设计较简单的操作界面与显示结果的界面。

对于一些有较高界面要求的控制台应用程序，可以使用控制台自身提供的界面相关的API函数来实现，如在指定位置输出结果，对输出的结果进行排版等。

使用控制台提供的界面相关API函数时，程序要包含〈windows. h〉头文件。控制台界面编程技术要点如下。

1. 基本术语

(1) 句柄。

句柄，英文名称为Handle。一个句柄是指程序中使用的一个整数值，即一个4字节(64位程序中为8字节)长的数值，用于标识应用程序中的不同对象。例如窗口、按钮、图标、滚动条、输出设备、控件或者文件等。应用程序能够通过句柄访问其指定对象的信息。在Windows操作系统中，所有的界面元素都含有一个固定的句柄。

(2) 光标。

控制台光标(ConsoleCursor)就是指插入符(Caret)，它指示控制台当前输入与输出的位置。

2. 常用的API函数

(1) 获取句柄函数：

```
HANDLE GetStdHandle(DWORD nStdHandle);
```

nStdHandle可取值如表3-1所示。

表3-1　控制台句柄

参数值	说明
STD_OUTPUT_HANDLE	标准输出设备句柄
STD_INPUT_HANDLE	标准输入设备句柄
STD_ERROR_HANDLE	标准错误句柄

(2) 关闭句柄函数：

```
CloseHandle(HANDLE handle);
```

程序中不再需要对获取的句柄所指对象进行任何操作时，应该释放该句柄。因为HANDLE类型实际上是一个void类型的指针，当使用GetStdHandle函数获取到句柄之后，这个void类型的指针就会指向一个对应的保存句柄号的内存区域，由于这块区域没有名字，称之为“匿名区”或者“匿名变量”。而这个匿名变量是在调用GetStdHandle函数时由操作系统动态分配内存的，因此如果程序中不关闭句柄的话，操作系统就无法释放这个匿名变量所占的内存。

注意：在释放匿名变量之后将handle变量的值置空，即可避免野指针的情况。

(3) 设置控制台标题函数：

```
BOOL WINAPI SetConsoleTitle( LPCTSTR lpConsoleTitle);
```

其中LPCTSTR类型是指向一个使用Unicode字符集的字符串指针。

(4) 更改光标的位置函数：

```
BOOL SetConsoleCursorPosition (HANDLE hConsoleOutput,
COORD dwCursorPosition)
```

COORD 类型是 Windows. h 中定义好的结构体，用于记录控制台的坐标。代码如下：

```
typedef struct _COORD {
SHORT X; //横坐标
  SHORT Y; // 纵坐标
} COORD;
```

COORD 结构体使用的类型 SHORT，相当于 short int 类型。

（5）设置各种输出函数的字符属性：

```
BOOL SetConsoleTextAttribute(
HANDLE hConsoleOutput, //输出句柄
WORD wAttributes //属性
);
```

说明：这个函数允许为包括 printf 函数在内的所有输出函数设置前景色和背景色。其中，wAttributes 的低位指定字符的前景色，高位指定字符的背景色。

更多的控制台 API 函数，请参阅 Visual Studio 的 MSDN。

思考与提高

C 语言支持模块化程序设计，一个大型复杂的软件通常由多个模块构成。编写模块时，程序员常常使用 C 语言的基本语句自定义函数，也可直接使用 C 语言标准函数库或第三方支持的函数库。

3.2　绘制曲线

任务描述

【任务 3.2】设计一个程序，绘制 B 样条曲线，并要求能用鼠标调整其控制点。

任务分析

1. 数据组织

使用结构体 Point2 来保存控制点。定义如下：

```
typedef struct _Point2
{
  double x;
  double y;
} Point2;
```

2. 基本思路

使用 OpenGL API 库实现曲线图形的绘制与输出。主要任务有编写初始化函数、渲染函数、鼠标左右键和中键按下处理函数、当鼠标键按下时，鼠标拖动的事件处理函数。

任务实现

```
#include <math.h>
#include <glut.h>
```

```
#define NUM_POINTS 6
#define NUM_SEGMENTS (NUM_POINTS- 3)
#define TRUE   1
#define FALSE  0

typedef struct _Point2
{
  double x;
  double y;
} Point2;

/* 全局变量*/

Point2 vec[NUM_POINTS];
int mouseLeftDown=FALSE;

/* 绘制 B 样条曲线*/
void Bspline(int n)
{
  int num, i;
  float f1, f2, f3, f4;
  float deltaT=1.0 / n;
  float T;

  glBegin(GL_LINE_STRIP);
  for (num=0; num<NUM_SEGMENTS; num++)
  {
      for (i=0; i<=n; i++) {

          T=i*deltaT;

          f1= (-T*T*T+3*T*T-3*T+1)/6.0;
          f2= (3*T*T*T-6*T*T+4)/6.0;
          f3= (-3*T*T*T +3*T*T+3*T+1)/6.0;
          f4= (T*T*T)/6.0;

          glVertex2f(f1*vec[num].x+f2*vec[num+1].x+f3*vec[num+2].x+f4*vec[num+
         3].x,f1*vec[num].y+f2*vec[num+1].y+f3*vec[num+2].y+f4*vec[num+3].y);
      }
  }
  glEnd();
}
```

```
void Display()
{
  int i;
  glClear(GL_COLOR_BUFFER_BIT);
  glLoadIdentity();

  glLineWidth(1.5f);
  glColor3f(1.0,0.0,0.0);

  glBegin(GL_LINE_STRIP);
  for(i=0;i<NUM_POINTS; i++)
  {
      glVertex2f(vec[i].x, vec[i].y);
  }
  glEnd();

  glPointSize(10.0f);
  glColor3f(0.0, 0.0, 1.0);

  glBegin(GL_POINTS);
  for(i=0;i<NUM_POINTS; i++)
  {
      glVertex2f(vec[i].x, vec[i].y);
  }
  glEnd();

  Bspline(20);

  glFlush();
  glutSwapBuffers();
}

void Init()
{
  glClearColor(1.0, 1.0, 1.0, 0.0);
  glShadeModel(GL_FLAT);

  vec[0].x=200; vec[0].y=400;
  vec[1].x=100; vec[1].y=300;
  vec[2].x=200; vec[2].y=200;
  vec[3].x=250; vec[3].y=300;
  vec[4].x=400; vec[4].y=200;
  vec[5].x=400; vec[5].y=400;
}
```

```
void Reshape(int w, int h)
{
  glViewport(0, 0, (GLsizei)w, (GLsizei)h);
  glMatrixMode(GL_PROJECTION);
  glLoadIdentity();
  gluOrtho2D(0.0, (GLsizei)w, (GLsizei)h, 0.0);
  glMatrixMode(GL_MODELVIEW);
  glLoadIdentity();
}

void Mouse(int button, int state, int x, int y)
{
  if (button==GLUT_LEFT_BUTTON && state==GLUT_DOWN)
  {
      mouseLeftDown=TRUE;
  }

  if (button==GLUT_LEFT_BUTTON && state==GLUT_UP)
  {
      mouseLeftDown=FALSE;
  }
}

double Distance(int x1, int y1, int x2, int y2)
{
  return sqrt(1.0*(x1-x2)*(x1-x2)+(y1-y2)*(y1-y2));
}

void Motion(int x, int y)
{
  int i;
  if (mouseLeftDown)
  {
      for (i=0; i<NUM_POINTS; i++)
      {
          if (Distance(vec[i].x, vec[i].y, x, y)<20)
          {
              vec[i].x=x;
              vec[i].y=y;
          }
      }
  }
```

```
  glutPostRedisplay();
}

int main(int argc,char* * argv)
{
  glutInit(&argc, argv);
  glutInitDisplayMode(GLUT_RGBA|GLUT_DOUBLE);
  glutInitWindowSize(500, 500);
  glutInitWindowPosition (200, 200);
  glutCreateWindow("B-Spline Curve");
  Init();

  glutDisplayFunc(Display);
  glutReshapeFunc(Reshape);
  glutMouseFunc(Mouse);
  glutMotionFunc(Motion);
  glutMainLoop();

  return 0;

}
```

源文件下载

测试用例

修改程序中 init()函数中的 vec 向量的值,观察程序运行结果。

知识积累

OpenGL 是一个跨编程语言、跨操作系统平台的图形开发库。用于支持二维、三维图形开发。本程序使用的 OpenGL 函数主要有:

(1) glutInit 用来初始化 GLUT 库并同窗口系统对话协商。

(2) glutInitDisplayMode 用来确定所创建窗口的显示模式。

(3) glutInitWindowSize 初始化窗口的大小,第一个参数为窗口的宽度,第二个参数为窗口的高度,以像素为单位。

(4) glutInitWindowPosition 设置初始窗口的位置,第一个参数为窗口左上角 x 的坐标,第二个参数为窗口左上角 y 的坐标,以像素为单位。屏幕的左上角的坐标为(0,0),横坐标向右逐渐增加,纵坐标向下逐渐增加。

(5) glutCreateWindow 创建顶层窗口,窗口的名字为括号中的参数。

(6) glutDisplayFunc 注册当前窗口的显示回调函数。当一个窗口的图像层需要重新绘制时,GLUT 将调用该窗口的显示回调函数。在此例中的 mydisplay 就是显示回调函数,显示回调函数不带任何参数,它负责整个图像层的绘制。我们的大部分工作将集中在这个函数中。

(7) glutMainLoop 进入 GLUT 事件处理循环。glutMainLoop 函数在 GLUT 程序中最多只能调用一次,它一旦被调用就不再返回,并且调用注册过的回调函数。

(8) glutMouseFunc 用来处理鼠标左右键和中键摁下的事件。

(9) glutMotionFunc 这个函数是处理当鼠标键摁下时,鼠标拖动的事件。当鼠标拖动时,每一帧都将调用一次这个函数。

(10) glutPostRedisplay 标记当前窗口需要重新绘制。在 glutMainLoop 下一次循环时,窗口显示函数将被回调以重新显示窗口的正常面板。若多次调用 glutPostRedisplay,在下一个显示回调只产生单一的重新显示回调。

下面对 OpenGL 做个简要介绍,详细内容请读者参阅 OpenGL 官方文档。

1. 配置 OpenGL 开发环境

(1) 下载 GLUT 工具包。

Windows 环境下的 GLUT 下载地址:

http://www.opengl.org/resources/libraries/glut/glutdlls37beta.zip

(2) 将下载的压缩包解开,将得到 5 个文件(glut.dll, glut32.dll, glut.lib, glut32.lib, glut.h)。

(3) 把 glut.h 复制到 x:\Program Files\Microsoft\Visual Studio 10.0\VC\include\gl 文件夹中,如果没有 gl 这个文件夹则新建这个文件夹。(x 是你安装 VS 的盘符号)

(4) 把解压得到的 glut.lib 和 glut32.lib 放到静态函数库所在文件夹(即与 include 并排的 lib 文件夹下)。

(5) 把解压得到的 glut.dll 和 glut32.dll 放到操作系统目录下。(32 位操作系统位置为:C:\Windows\System32,64 位操作系统为:C:\Windows\SysWOW64)

2. OpenGL 常用库函数简介

开发基于 OpenGL 的应用程序,必须先了解与熟悉 OpenGL 的库函数。OpenGL 图形库一共有几百个函数,它们分别属于 OpenGL 的基本库、工具库、实用库等不同的库。

OpenGL 核心库

核心库包含有 115 个函数,函数名的前缀为 gl。

这部分函数用于常规的、核心的图形处理。此函数由 gl.dll 来负责解释执行。由于许多函数可以接收不同数据类型的参数,因此派生出来的函数可多达 300 多个。

核心库中的函数可以分为以下几类:

(1) 绘制基本几何图元的函数。例如:绘制图元的函数 glBegain()、glEnd()、glNormal*()和 glVertex*()。

(2) 矩阵操作、几何变换和投影变换的函数。例如:矩阵入栈函数 glPushMatrix()、矩阵出栈函数 glPopMatrix()、载入矩阵函数 glLoadMatrix()、矩阵相乘函数 glMultMatrix(),当前矩阵函数 glMatrixMode()和矩阵标准化函数 glLoadIdentity(),几何变换函数 glTranslate*()、glRotate*()和 glScale*(),投影变换函数 glOrtho()、glFrustum()和视口变换函数 glViewport()等。

(3) 颜色、光照和材质的函数。例如:设置颜色模式函数 glColor*()、glIndex*(),设置光照效果的函数 glLight*()、glLightModel*()和设置材质效果函数 glMaterial()等等。

(4) 显示列表函数。主要有创建、结束、生成、删除和调用显示列表的函数 glNewList()、glEndList()、glGenLists()、glCallList()和 glDeleteLists()。

(5) 纹理映射函数。主要有一维纹理函数 glTexImage1D()、二维纹理函数 glTexImage2D()、设置纹理参数、纹理环境和纹理坐标的函数 glTexParameter*()、

glTexEnv＊()和glTetCoord＊()等。

(6) 特殊效果函数。如融合函数glBlendFunc()、反走样函数glHint()和雾化效果glFog＊()。

(7) 光栅化、像素操作函数。如像素位置glRasterPos＊()、线型宽度glLineWidth()、多边形绘制模式glPolygonMode()，读取像素glReadPixel()、复制像素glCopyPixel()等。

(8) 选择与反馈函数。主要有渲染模式glRenderMode()、选择缓冲区glSelectBuffer()和反馈缓冲区glFeedbackBuffer()等。

(9) 曲线与曲面的绘制函数。如生成曲线或曲面的函数glMap＊()和glMapGrid＊()，求值器的函数glEvalCoord＊()和glEvalMesh＊()。

(10) 状态设置与查询函数。主要有glGet＊()、glEnable()和glGetError()等。

🕮 OpenGL 实用库

包含有43个函数，函数名的前缀为glu。

OpenGL提供了强大的但是为数不多的绘图命令，较复杂的绘图都必须从点、线、面开始。Glu为了减轻繁重的编程工作，Glu函数通过调用核心库的函数，为开发者提供相对简单的用法，实现一些较为复杂的操作。此函数由glu.dll来负责解释执行。OpenGL中的核心库和实用库可以在所有的OpenGL平台上运行。

主要包括了以下几种：

(1) 辅助纹理贴图函数。主要有gluScaleImage()、gluBuild1Dmipmaps()、gluBuild2Dmipmaps()。

(2) 坐标转换和投影变换函数。如定义投影方式函数gluPerspective()、gluOrtho2D()、gluLookAt()，拾取投影视景体函数gluPickMatrix()，投影矩阵计算gluProject()和gluUnProject()等。

(3) 多边形镶嵌工具。主要有gluNewTess()、gluDeleteTess()、gluTessCallback()、gluBeginPolygon()、gluTessVertex()、gluNextContour()和gluEndPolygon()等。

(4) 二次曲面绘制工具。主要有绘制球面、锥面、柱面、圆环面的函数gluNewQuadric()、gluSphere()、gluCylinder()、gluDisk()、gluPartialDisk()、gluDeleteQuadric()等。

(5) 非均匀有理B样条绘制工具。主要用来定义和绘制Nurbs曲线和曲面，包括gluNewNurbsRenderer()、gluNurbsCurve()、gluBeginSurface()、gluEndSurface()、gluBeginCurve()和gluNurbsProperty()等函数。

(6) 错误反馈工具。如获取出错信息的字符串函数gluErrorString()。

🕮 OpenGL 工具库

OpenGL工具库包含大约30多个函数，函数名前缀为glut。

工具库函数以glut开头，提供更为复杂的绘制功能，此函数由glut.dll来负责解释执行。由于glut中的窗口管理函数是不依赖于运行环境的，因此OpenGL中的工具库可以在跨操作系统平台下运行。对于有经验的程序员来说，一般先用glut理顺3D图形代码，然后再集成为完整的应用程序。

这部分函数主要包括：

(1) 窗口初始化操作函数。例如：glutInit()、glutInitDisplayMode()、glutInitWindow-

Size()和 glutInitWindowPosition()等。

(2) 回调函数。用于设置响应刷新消息、键盘消息、鼠标消息、定时器函数等，如 glutDisplayFunc( )、glutPostRedisplay( )、glutReshapeFunc( )、glutTimerFunc( )、glutKeyboardFunc()和 glutMouseFunc()。

(3) 创建复杂的三维物体。例如：glutSolidSphere()和 glutWireSphere()等。

(4) 菜单函数。例如：GlutCreateMenu()、glutSetMenu()、glutAddMenuEntry()、glutAddSubMenu() 和 glutAttachMenu()。

(5) 程序运行函数。glutMainLoop()。

思考与提高

(1) 给出基于 OpenGL 的应用程序的基本执行流程；

(2) 给出使用 OpenGL 绘制实时监测数据曲线的思路。

第 4 章　图书信息管理系统

信息管理系统主要涉及数据信息的添加、删除、修改、查询、排序与统计等基本操作，另外信息管理系统都将涉及大量的数据处理，由于内存不适合存储这类数量很大而且长久保存的数据，因此一般是将它们存于外存设备的文件中。用 C 语言开发一些小型的信息管理系统可以综合应用到 C 语言中的一些较难的知识点，如指针、结构体、链表、文件等，非常有利于学生加深对相关知识点的理解。本章以图书信息管理系统为例介绍信息管理系统的开发过程，将结构体、链表、文件等主要知识点结合在一起，运用菜单等界面开发技术以及常用算法，解决图书信息管理系统的实际问题。

4.1　任务描述

设计一个软件系统，实现图书的编目、图书查询以及图书的借还管理。具体来说，功能要求如下：

(1) 图书信息的格式如表 4-1 所示，实现图书信息管理，输入若干种图书的信息，包括：书号、书名、作者、出版社、藏书量、借出数。

(2) 提供按图书的书号、书名、作者及出版社进行的图书查询功能。

(3) 读者信息的格式如表 4-2 所示，实现读者信息管理，输入读者的信息，包括：读者号、读者名、可借书数、已借书数。

(4) 读者借还书信息如表 4-3 所示，实现图书的借还信息管理。

(5) 实现图书信息、读者信息与借还书信息的外部文件读取功能。

(6) 实现图书信息、读者信息与借还书信息的存入到外部文件的功能。

表 4-1　图书信息表

序号	书号	书名	作者	出版社	藏书量	借出数
1	1000	数学	李小云	教育	15	0
2	1001	程序设计	刘晓阳	教育	18	0
3	1002	高等数学	许海平	教育	12	0
4	1003	少儿知识	孙华英	科学	6	0
5	1004	经济学	欧阳英	科学	23	0
6	1005	普通物理	李海波	科学	5	0
7	1006	天文学	张三山	科学	8	0

表 4-2　读者信息表

序号	读者号	读者名	可借书数	已借书数
1	1000	张小二	10	0
2	1001	李小海	10	0
3	1002	赵少平	5	0
4	1003	赵　六	5	0
5	1004	张长云	5	0
6	1005	刘　涛	10	0
7	1006	钱楚材	10	0

表 4-3　借还书信息表

序号	读者号	书号	借书日期	还书日期
1	1000	1001	2018－01－01	2018－02－01
2	1001	1002	2018－01－01	2018－03－01
3	1002	1000	2018－01－01	2018－02－01
4	1003	1004	2018－01－01	2018－02－01
5	1004	1004	2018－01－01	2018－02－01
6	1005	1006	2018－01－01	2018－02－01
7	1006	1001	2018－01－01	2018－02－01

4.2　任务分析

开发一个软件系统，首先必须明确系统的要求，弄清楚任务的需求，组织出系统的数据信息；然后分析得出系统的结构，按功能模块对系统进行分解，每一个功能模块完成一个特定的功能，通过功能模块之间的调用实现系统的功能要求；之后，理清各个功能模块的算法流程及其需处理的数据信息；最后，以 C 语言函数封装与实现各个功能模块。

本节按照以上思路来分析图书信息管理系统，希望读者认真体会与应用，达到举一反三的效果。

1. 系统结构分析

根据本任务的描述，可分析出如图 4-1 所示的图书信息管理系统的功能结构。

具体来说，图书信息管理系统可划分为 5 个功能模块，各个功能模块需实现的功能为：

(1) 系统维护模块：包括系统初始化以及调用文件存取模块读取外部磁盘中保存的数据信息。

(2) 读者管理模块：添加读者的信息、显示读者信息。

(3) 图书管理模块：图书编目、查询图书信息。

(4) 外部图书流通模块:包括借书处理与还书处理。

(5) 外部文件存取模块:将系统中的图书信息一次性存入磁盘文件中;将磁盘文件中的图书信息读出。

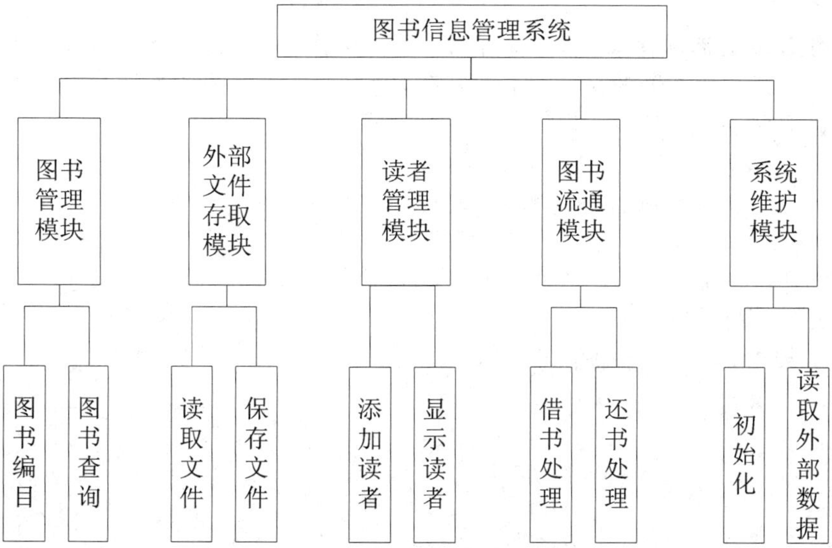

图 4-1　图书信息管理系统的功能结构框图

2. 数据组织

(1) 图书信息。

根据任务要求,每本图书信息可组织如下:

```
typedef struct
{
  int  bno;//书号
  char bname[21];          //书名
  char author[9];          //作者
  char press[11];          //出版社
  int  storeNum;           //藏书量
  int  borrowNum;          //借出数
}BookRecType;
```

使用数组作为容器保存整个系统的图书信息,容器的大小设为 BOOKSIZE,设置一个变量 len 表示当前系统的图书数量,添加一位图书时 len 加 1,系统图书信息组织如下:

```
typedef struct
{
  BookRecType BookData[BOOKSIZE];
  int len;                 //当前记录数
}BookDataList;
```

(2) 读者信息。

根据任务要求,每位读者的信息可组织如下:

```
typedef struct
{
  int  rno;                //读者号
```

```
    char name[8];            //读者名
    int  bn1;                //可借书数量
    int  bn2;                //已借书数量
}ReaderRecType;
```

使用数组作为容器保存系统的读者信息,容器的大小设为 READERSIZE,设置一个变量 len 表示当前系统的读者数量,添加一位读者时 len 加 1,系统读者信息组织如下:

```
typedef struct
{
    ReaderRecType ReadData[READERSIZE];
    int len;                 //当前读者数
}ReaderDataList;             //当前记录数
```

(3) 借还书信息。

根据任务要求,读者借还书信息可组织如下:

```
typedef struct
{
    int  rno;                //读者号
    int  bno;                //书号
    char date1[9];           //借书日期
    char date2[9];           //还书日期
}BbookRecType;
```

使用数组作为容器保存整个系统的借还书信息,容器的大小设为 BBOOKSIZE,设置一个变量 len 表示当前系统的借还书数次数,借出一次图书时 len 加 1,还回一次图书时,len 减 1,系统借还书信息组织如下:

```
typedef struct
{
    BbookRecType BbookData[BBOOKSIZE];
    int len;                 //当前借书数
}BbookDataList;
```

3. 算法设计

(1) 主控模块。

在主控模块中,设置用户的功能选择菜单。根据用户的选择,调用指定的函数模块,完成相应的功能。其主要算法描述如下:

```
void main()
{
        ① 显示如下功能选择主菜单:
        ② 接收用户的选择;
        ③ 根据用户的选择,显示各子菜单;
        ④ 再根据用户选择的子菜单项调用函数完成相应的功能;
}
```

(2) 图书编目。

```
BookDataList AddBook(BookDataList bookList)
{
```

```
        ① 提示输入项的输入顺序;
        ② 输入一条记录;
        ③ 图书记录计数器加 1;
        ④ 若继续输入,转第①步,否则返回;
}
```

(3) 图书查询。

```
void SearchBook(BookDataList bl)
{
        ① 显示图书查询子菜单;
        ② 用户选择;
        ④ 根据用户选择,分别调用按书号、书名、作者、出版社查询功能;
}
```

按书号查询。

```
int SearchByBookNo(BookDataList bl, int bookNo)
{
  //顺序查询图书信息表
   for (i=1; i<=bl.len; i++)
   {
       if press==图书的书号)
       {
         k=图书的序号;
         退出循环;
     }
   }
   返回图书的序号或 0(没找到);
}
```

按书名查询。

```
int SearchByBookName(BookDataList bl, char bookName[])
{
  //顺序查询图书信息表
   for (i=1; i<=bl.len; i++)
   {
     if press==图书的书名)
     {
       k=图书的序号;
       退出循环;
     }
   }
   返回图书的序号或 0(没找到);
}
```

按作者查询。

```
int SearchByBookAuthor(BookDataList bl, char author[])
{
  //顺序查询图书信息表
   for (i=1; i<=bl.len; i++)
   {
     if press==图书的作者)
     {
       k=图书的序号;
       退出循环;
     }
   }
   返回图书的序号或 0(没找到);
}
```

按出版社查询。

```
int SearchByBookPress(BookDataList bl, char press[])
{
  //顺序查询图书信息表
   for (i=1; i<=bl.len; i++)
   {
     if press==图书的出版社)
     {
       k=图书的序号;
       退出循环;
     }
   }
   返回图书的序号或 0(没找到);
}
```

(4) 添加读者。

```
ReaderDataList AddReader(ReaderDataList rl)
{
        ① 提示输入项的输入顺序;
        ② 输入一条记录;
        ③ 读者记录计数器加 1;
        ④ 若继续输入,转第①步,否则返回;
}
```

(5) 借书处理。

```
void BorrowBook(BookDataList* bf,  BbookDataList* bbf, ReaderDataList* readerList)
{
        ① 输入读者、书号、借阅日期;
```

```
    ② 查找读者文件,验证读者身份;
    ③ 检验读者是否可以借书;
    ④ 根据书号查找图书是否存在;
    ⑤ 判断图书是否已经全部借出;
    ⑥ 如可借,追加一条借还书信息,记录相关内容;
    ⑦ 相应修改读者信息;
    ⑧ 相应修改图书信息;
}
```

(6) 还书处理。

```
void BackBook(BookDataList* bf,  BbookDataList* bbf, ReaderDataList* readerList)
{
    ① 输入读者、书号、还书日期;
    ② 查找读者文件,验证读者身份;
    ③ 检验读者是否可以还书;
    ④ 根据书号查找图书是否存在;
    ⑤ 如可还,删除借还书信息,记录相关内容;
    ⑥ 相应修改读者信息;
    ⑦ 相应修改图书信息;
}
```

(7) 保存数据到外部文件。

```
void WriteToFile(BookDataList bl, ReaderDataList rl, BbookDataList bbl)
{
    ① 保存图书信息到外部文件,其算法流程如图 4-2 所示;
    ② 保存读者信息到外部文件,其算法流程如图 4-3 所示;
    ③ 保存借还书信息到外部文件,其算法流程如图 4-4 所示;
}
```

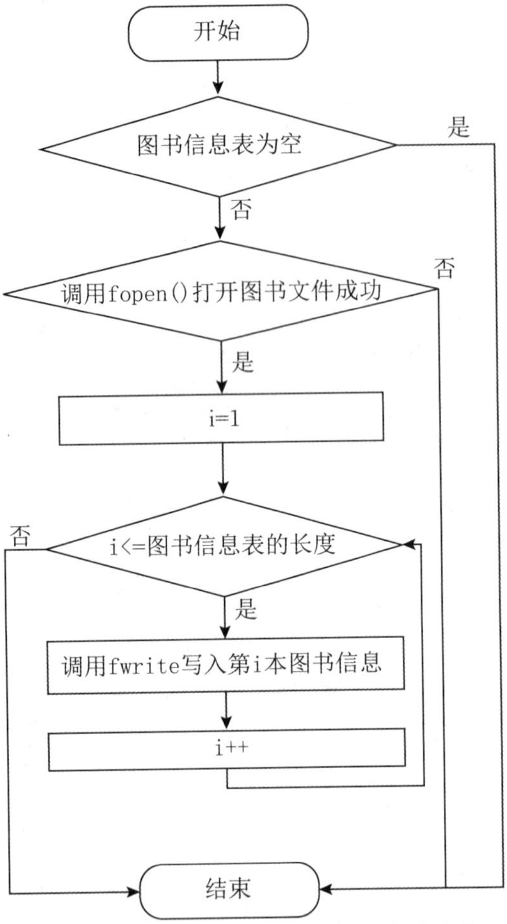

图 4-2 保存图书信息到外部文件的流程

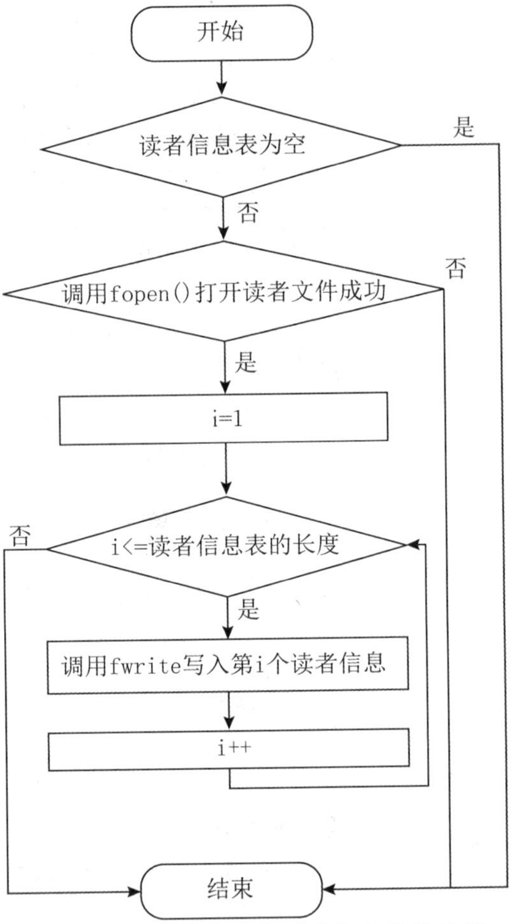

图 4-3 保存读者信息到外部文件的流程

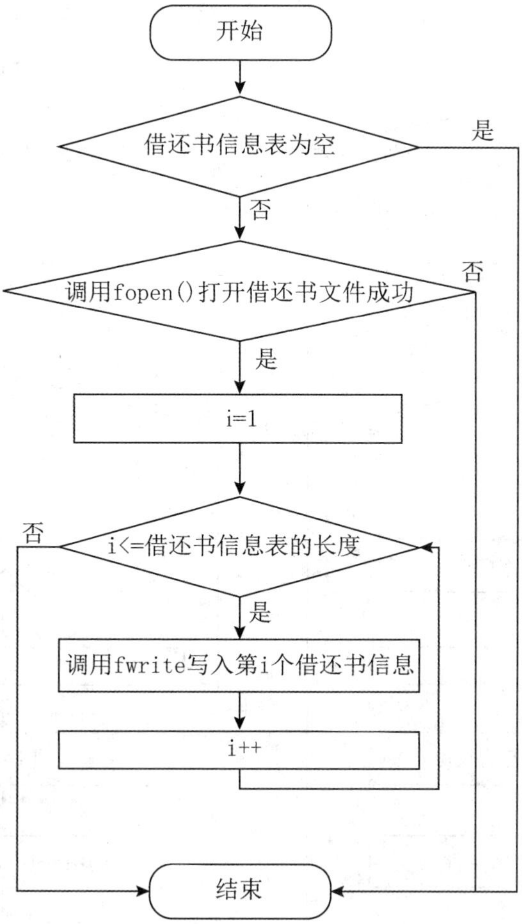

图 4-4　保存借还书信息到外部文件的流程

(8) 读取外部文件的数据。

```
void ReadFromFile(BookDataList *bl,  ReaderDataList *rl, BbookDataList *bbl)
{
        ① 从外部文件读入图书信息,其算法流程如图 4-5 所示;
        ② 从外部文件读入读者信息,其算法流程如图 4-6 所示;
        ③ 从外部文件读入借还书信息,其算法流程如图 4-7 所示;
}
```

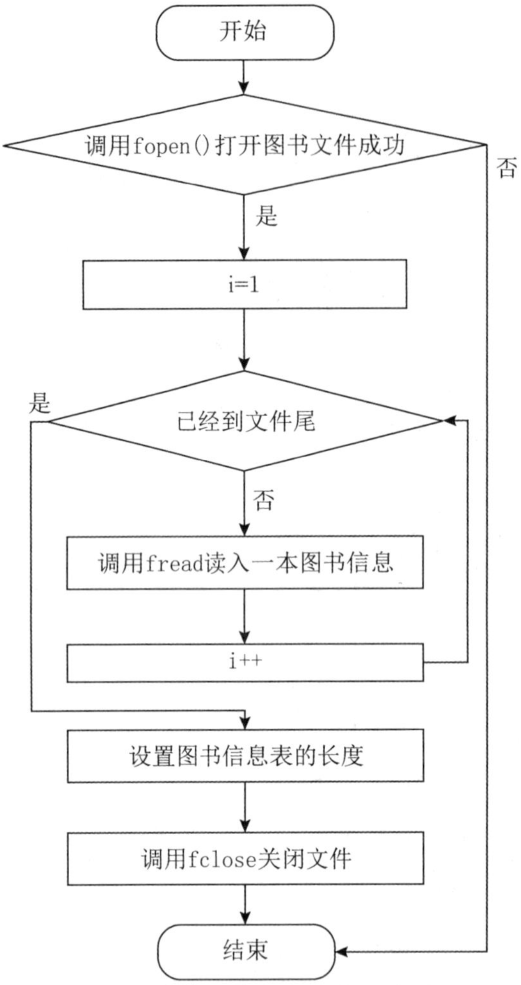

图 4-5 从外部文件读入图书信息的流程

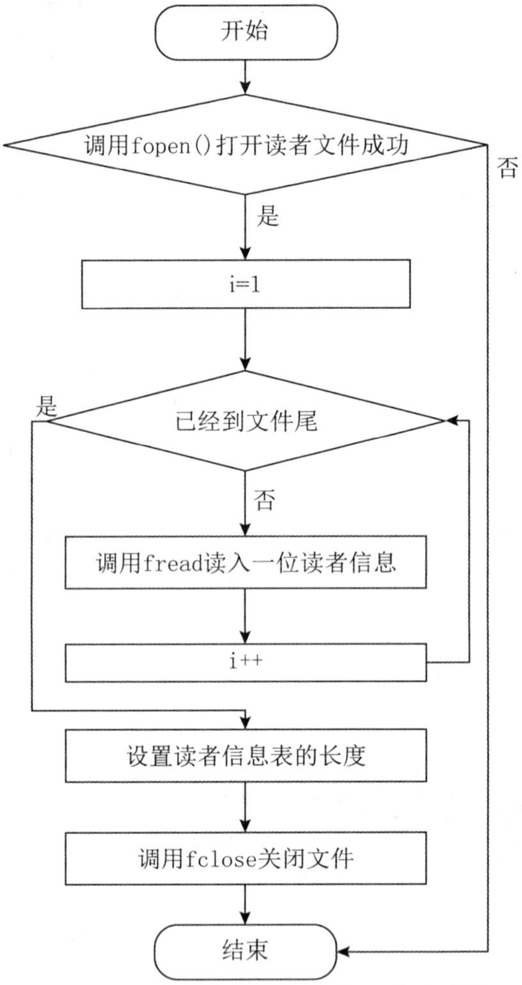

图 4-6 从外部文件读入读者信息的流程

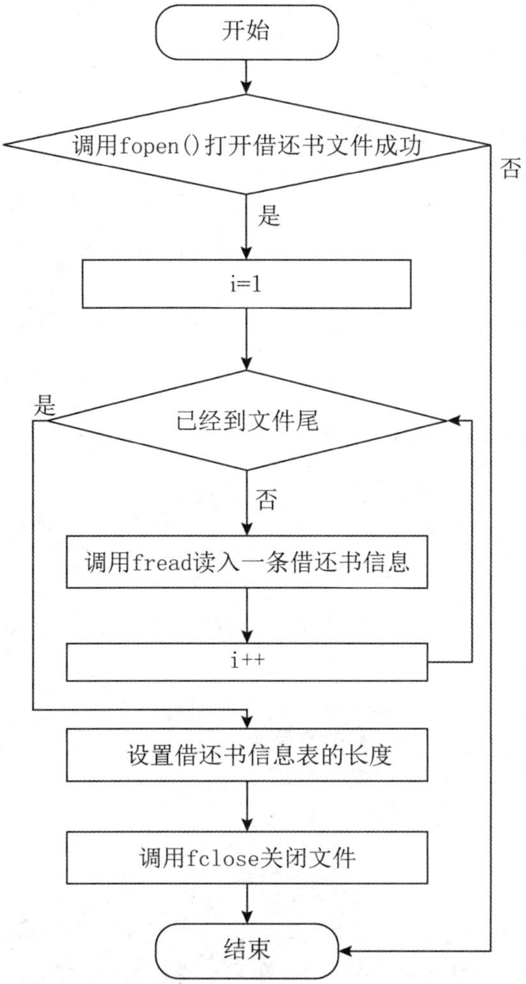

图 4-7　从外部文件读入借还书信息的流程

4.3　系统实现

系统中各个功能函数的参考实现如下：

```
/* 预处理部分 */
#include <stdio.h>
#include <string.h>

#define BOOKSIZE 100
#define READERNUM 50
#define BBOOKSIZE 200

typedef struct
```

```
{
    int  bno;                //书号
    char bname[21];          //书名
    char author[9];          //作者
    char press[11];          //出版社
    int  storeNum;           //藏书量
    int  borrowNum;          //借出数
}BookRecType;

typedef struct
{
    BookRecType BookData[BOOKSIZE];
    int len;                 //当前记录数
}BookDataList;

typedef struct
{
    int  rno;                //读者号
    char name[8];            //读者名
    int  bn1;                //可借书数量
    int  bn2;                //已借书数量
}ReaderRecType;

typedef struct
{
    ReaderRecType ReaderData[READERNUM];
    int len;                 //当前读者数
}ReaderDataList;

typedef struct
{
    int  rno;                //读者号
    int  bno;                //书号
    char date1[9];           //借书日期
    char date2[9];           //还书日期
}BbookRecType;

typedef struct
{
    BbookRecType BbookData[BBOOKSIZE];
    int len;                 //当前借书数
}BbookDataList;

/* 添加图书 */
```

```
BookDataList AddBook(BookDataList bl)
{
    int i;
    i=++bl.len;
    printf("书号    书名     作者名   出版社   藏书量\n");
    scanf("%d%s", &bl.BookData[i].bno, bl.BookData[i].bname);
    scanf("%s%s", bl.BookData[i].author, bl.BookData[i].press);
    scanf("%d", &bl.BookData[i].storeNum);
    bl.BookData[i].borrowNum=0;
    return bl;
}

/* 显示图书信息 */
void ShowBook(BookDataList bl, int i)
{
    printf("书 号   书名    作者名   出版社   可借数\n");
    printf("==================================== \n");
    printf("%d% 12s", bl.BookData[i].bno, bl.BookData[i].bname);
    printf("%8s% 12s", bl.BookData[i].author, bl.BookData[i].press);
    printf("%4d\n", bl.BookData[i].storeNum, bl.BookData[i].borrowNum);
    printf("==================================== \n");
}

/* 按书号查找，没找到返回 0 */
int SearchByBookNo(BookDataList bl, int bookNo)
{
    int i, k=0;

    //顺序查询图书信息表
    for (i=1; i<=bl.len; i++)
    {
        if (bookNo==bl.BookData[i].bno)
        {
            k=i;
            break;
        }
    }
    return k;
}

/* 按书名查找，没找到返回 0 */
int SearchByBookName(BookDataList bl, char bookName[])
{
    int i, k=0;
```

```
    //顺序查询图书信息表
    for (i=1; i<=bl.len; i++)
    {
        if (strcmp(bookName, bl.BookData[i].bname)==0)
        {
            k=i;
            break;
        }
    }
    return k;
}


/* 按作者查找，没找到返回 0 */
int SearchByBookAuthor(BookDataList bl, char author[])
{
    int i, k=0;

    //顺序查询图书信息表
    for (i=1; i<=bl.len; i++)
    {
        if (strcmp(author, bl.BookData[i].author)==0)
        {
            k=i;
            break;
        }
    }
    return k;
}


/* 按出版社查找，没找到返回 0 */
int SearchByBookPress(BookDataList bl, char press[])
{
    int i, k=0;

    //顺序查询图书信息表
    for (i=1; i<=bl.len; i++)
    {
        if (strcmp(press, bl.BookData[i].press)==0)
        {
            k=i;
            break;
```

```
        }
    }
    return k;
}


/* 查询功能 */
void SearchBook(BookDataList bl)
{
    char sm[21], zz[9], cbs[11];
    int i, k, choose=1;
    int sh;
    while (choose>=1 && choose<=5)
    {
        printf("图书查询\n");
        printf("- - - - - - - - - - - - - - - - - - \n");
        printf("1. 按书号查询\n");
        printf("2. 按书名查询\n");
        printf("3. 按作者查询\n");
        printf("4. 按出版社查询\n");
        printf("5. 退出查询\n");
        printf("- - - - - - - - - - - - - - - - - - \n");
        printf("请用户选择: ");
        scanf("%d", &choose);
        switch (choose)
        {
        case 1:
            printf("输入书号:\n");
            scanf("%d", &sh);
            //根据书号查询
            k=SearchByBookNo(bl, sh);
            if (k==0)
            {
                printf("没有要查询的图书,请检查是否输入有错\n");
                break;
            }

            //显示图书信息
            ShowBook(bl, k);
            break;
        case 2:
            printf("输入书名:\n");
            scanf("%s", &sm);
```

```
        //根据书名查询
        k=SearchByBookName(bl, sm);
        if (k==0)
        {
            printf("没有要查询的图书,请检查是否输入有错\n");
            break;
        }

        //显示图书信息
        ShowBook(bl, k);
        break;
    case 3:
        printf("输入作者名:\n");
        scanf("%s", &zz);

        //根据作者查询
        k=SearchByBookAuthor(bl, zz);
        if (k==0)
        {
            printf("没有要查询的图书,请检查是否输入有错\n");
            break;
        }

        //显示图书信息
        ShowBook(bl, k);
        break;
    case 4:
        printf("输入出版社:\n");
        scanf("%s", &cbs);

        //根据作者查询
        k=SearchByBookPress(bl, cbs);
        if (k==0)
        {
            printf("没有要查询的图书,请检查是否输入有错\n");
            break;
        }

        //显示图书信息
        ShowBook(bl, k);
        break;

    case 5: //退出查询
        return;
```

```
        }
    }
}

/* 添加读者 */
ReaderDataList AddReader(ReaderDataList rl)
{
    int i;
    char yn='y';
    i=++rl.len;
    while (yn=='y'||yn=='Y')
    {
        printf("输入读者号  读者名  可借图书数\n");
        scanf("%d%s", &rl.ReaderData[i].rno, rl.ReaderData[i].name);
        scanf("%d", &rl.ReaderData[i].bn1);
        rl.ReaderData[i].bn2=0;
        printf("继续输入吗? y/n:");
        getchar();
        scanf("%c", &yn);
        i++;
    }
    rl.len=i-1;
    return rl;
}

/* 显示读者信息 */
void ShowReader(ReaderDataList rl, int i)
{
    printf("读者号  读者名  可借图书数  已借图书数\n");
    printf("==================================== \n");
    printf("%d",    rl.ReaderData[i].rno);
    printf("%12s",  rl.ReaderData[i].name);
    printf("%4d\n", rl.ReaderData[i].bn1);
    printf("%4d\n", rl.ReaderData[i].bn2);
    printf("==================================== \n");
}

/* 借书处理 */
void BorrowBook(BookDataList *bl, BbookDataList *bbl, ReaderDataList *rl)
{
    char jyrq[9];
    int sh, dzh;
    int i, j, k=0;
    printf("请输入读者号  书号  借阅日期\n");
```

```
scanf("%d%d%s", &dzh, &sh, jyrq);

for (i=1; i<=rl->len; i++)
{
    if (dzh==rl->ReaderData[i].rno)
    {
        k=i;
        break;
    }
}
if (k==0)
{
    printf("非法读者!\n");
    return;
}

if (rl->ReaderData[k].bn2>=rl->ReaderData[k].bn1)
{
    printf("书已借满!\n");
    return;
}

for (i=1; i<=bl->len; i++)
{
    if (sh==bl->BookData[i].bno)
    {
        j=i;
        break;
    }
}

if (j==0)
{
    printf("非法书号!\n");
    return;
}
if (bl->BookData[j].borrowNum>=bl->BookData[j].storeNum)
{
    printf("图书已借出\n");
    return;
}

i=++bbl->len;
bbl->BbookData[i].rno=dzh;
```

```
    bbl->BbookData[i].bno=sh;
    strcpy(bbl->BbookData[i].date1, jyrq);
    rl->ReaderData[k].bn2++;
    bl->BookData[j].borrowNum++;
    printf("借书成功!\n");
}

/* 还书处理 */
void BackBook(BookDataList *bl, BbookDataList *bbl, ReaderDataList *rl)
{
    char hsrq[8];
    int sh, dzh;
    int i, j, k=0, m=0;
    printf("请输入读者号   书号   还书日期\n");
    scanf("%d%d%s", &dzh, &sh, hsrq);
    for (i=1; i<=rl->len; i++)
    {
        if (dzh==rl->ReaderData[i].rno)
        {
            k=i;
            break;
        }
    }
    if (k==0)
    {
        printf("非法读者!\n");
        return;
    }
    for (i=1; i<=bbl->len; i++)
    {
        if (sh==bbl->BbookData[i].bno)
        {
            m=i;
            break;
        }
    }
    if (m==0)
    {
        printf("非法书号!\n");
        return;
    }

    for (i=1; i<=bl->len; i++)
    {
```

```
        if (sh==bl->BookData[i].bno)
        {
            j=i;
            break;
        }
    }
    if (j==0)
    {
        printf("非法书号!\n");
        return;
    }
    rl->ReaderData[k].bn2--;
    bl->BookData[j].borrowNum--;
    strcpy(bbl->BbookData[m].date2, hsrq);
    printf("还书成功!\n");
}

/* 保存数据到外部文件 */
void WriteToFile(BookDataList bl, ReaderDataList rl, BbookDataList bbl)
{
    FILE *fp;
    int i;
    fp=fopen("book", "wb");
    for (i=1; i<=bl.len; i++)
        fwrite(&bl.BookData[i], sizeof(BbookDataList), 1, fp);
    fclose(fp);


    fp=fopen("reader", "wb");
    for (i=1; i<=rl.len; i++)
        fwrite(&rl.ReaderData[i], sizeof(ReaderRecType), 1, fp);
    fclose(fp);

    fp=fopen("bbook", "wb");
    for (i=1; i<=bbl.len; i++)
        fwrite(&bbl.BbookData[i], sizeof(BbookRecType), 1, fp);
    fclose(fp);
}

/* 从外部文件读入数据 */
void ReadFromFile(BookDataList *bl, ReaderDataList *rl, BbookDataList *bbl)
{
    FILE *fp;
    int i;
```

```
    /* 读入图书信息 */
    fp=fopen("book", "rb");
    i=1;
    while (!feof(fp))
    {
        fread(&bl->BookData[i], sizeof(BbookRecType), 1, fp);
        i++;
        if (feof(fp))
            break;
    }
    bl->len=i-2;
    fclose(fp);

    /* 读入读者信息 */
    fp=fopen("reader", "rb");
    i=1;
    while (! feof(fp))
    {
        fread(&rl->ReaderData[i], sizeof(ReaderRecType), 1, fp);
        i++;
        if (feof(fp))
            break;
    }
    rl->len=i-2;
    fclose(fp);

    /* 读入借还书信息 */
    fp=fopen("bbook", "rb");
    i=1;
    while (! feof(fp))
    {
        fread(&bbl->BbookData[i], sizeof(BbookRecType), 1, fp);
        i++;
        if (feof(fp))
            break;
    }
    bbl->len=i-2;
    fclose(fp);
}

/* 主控功能 */
void main()
{
```

```
int j, m, k=1;
char xz='n';
BookDataList bl;
ReaderDataList rl;
BbookDataList bbl;
while (k<=5)
{
    printf("图书管理系统\n");
    printf("============\n");
    printf("1. 系统维护\n");
    printf("2. 读者管理\n");
    printf("3. 图书管理\n");
    printf("4. 图书流通\n");
    printf("5. 退出系统\n");
    printf("============\n");
    printf("请选择 1-5:");
    scanf("%d", &k);
    switch (k)
    {

    case 1:
        printf("系统维护\n");
        printf("---------\n");
        printf("1. 初始化\n");
        printf("2. 读  盘\n");
        printf("---------\n");
        printf("请选择:");
        scanf("%d", &m);
        switch (m)
        {

        case 1:
            printf("初始化只能做一次,需慎重! 初始化吗? y/n:");
            getchar();
            scanf("%c", &xz);
            if (xz=='y'||xz=='Y')
            {
                bl.len=0;
                rl.len=0;
                bbl.len=0;
            }
            break;
        case 2:
            ReadFromFile(&bl, &rl, &bbl);
```

```
            break;
        }
        break;

    case 2:
        AddReader(rl);
        break;

    case 3:
        printf("图书管理子系统\n");
        printf("- - - - - - - - - - - - - - \n");
        printf("1. 图书信息输入\n");
        printf("2. 图书信息查询\n");
        printf("- - - - - - - - - - - - - - \n");
        printf("请选择:");
        scanf("%d", &j);
        if (j==1)
        {
            char yn='y';
            k=1;
            while (yn=='y'||yn=='Y')
            {
                bl=AddBook(bl);
                ShowBook(bl, k);
                k++;
                printf("继续输入吗? y/n:");
                getchar();
                scanf("%c", &yn);
            }
        }
        else
            SearchBook(bl);
        break;

case 4:
        printf("图书流通子系统\n");
        printf("- - - - - - - - - - - - - - \n");
        printf("1. 借书处理 \n");
        printf("2. 还书处理 \n");
        printf("- - - - - - - - - - - - - - \n");
        printf("请选择  \n");
        scanf("%d", &j);
        if (j==1)
            BorrowBook(&bl, &bbl, &rl);
```

```
            else if (j==2)
                BackBook(&bl, &bbl, &rl);
            break;

        case 5:
            printf("系统正在写盘,稍等...\n");
            WriteToFile(bl, rl, bbl);
            printf("再见!\n");
            return;

        }
    }
}
```

源文件下载

4.4 测试用例

图书管理系统主界面如图 4-8 所示。

图 4-8 图书管理系统主界面

请根据系统的运行界面提示,按表 4-4 的测试用例进行测试。

表 4-4 图书管理系统测试用例

序号	测试项	操作步骤	预期结果	测试结果
1	图书录入	输入重复书号的图书信息	系统提示错误	通过
2	图书查询	输入图书的书名	找到并显示图书信息	通过

续表

序号	测试项	操作步骤	预期结果	测试结果
3	读者录入	输入重复读者号的读者信息	系统提示错误	通过
4	借书处理	输入借书信息	系统提示"借书成功"	通过
5	还书处理	输入还书信息	系统提示"还书成功"	通过
6	外部文件读取	输入文件名	从外部文件读取了数据	通过
7	保存到外部文件	输入文件名	外部文件保存了数据	通过

4.5　思考与创新

(1) 本任务例示了一个信息管理系统的开发思路,包括数据组织、录入、查询、维护等功能以及使用文件实现数据的永久保存方法。

(2) 请完善参考实现的代码,实现姓名的模糊查询。

(3) 大型的信息管理系统经常使用功能更强的数据库管理平台来存放数据以及对数据存取的缓冲管理,有兴趣的同学请参阅相关的书籍。

第5章 万年历

应用工具类软件，如万年历、画图板、计算器、文本编辑器等，使用非常普遍。应用工具类软件同日常生活息息相关，容易较准确获取开发需求，较适合程序开发新手进行项目实训。开发应用工具类软件需要综合运用C语言中的许多知识点：数组、指针、结构体等数据组织技术，还涉及算法以及界面开发技术。本章以万年历为例介绍应用工具类软件的开发过程，运用界面开发技术以及常用算法，解决万年历开发的实际问题。

5.1 任务描述

设计一个软件系统，以图5-1所示的电子方式界面模仿日常生活中使用的挂历。能够输出公元1921年1月1日以后任意月份的月历，可以查询指定日期的农历，可以查看全年日历等。

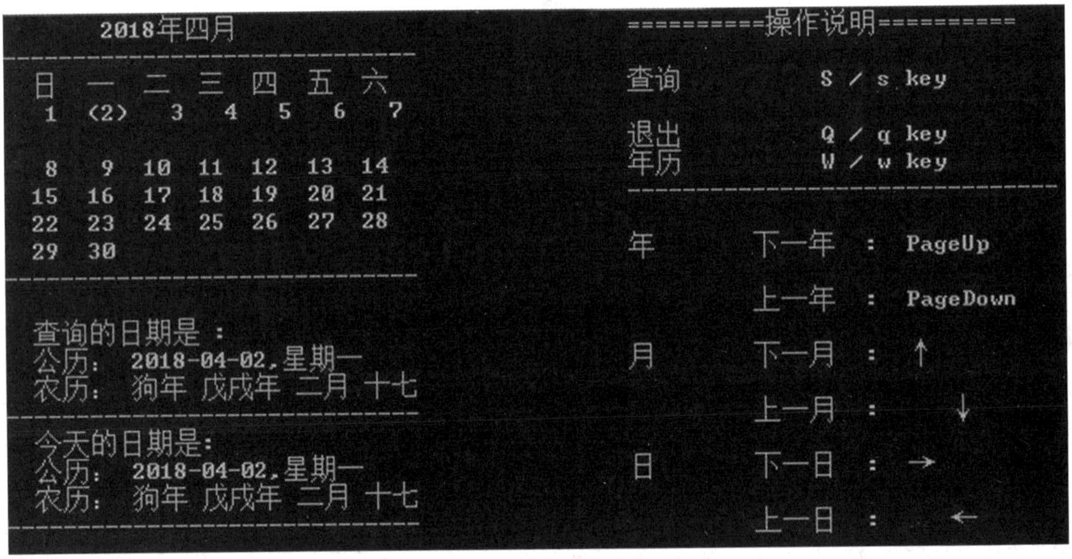

图5-1 万年历系统的界面

具体来说，功能要求如下：

(1) 当系统运行时，获取操作系统的当前日期，界面显示当前日期所在月份的月历，并且突出显示当前所选择的日期。

(2) 闰年与平年判断。

(3) 农历查询。输入指定日期，显示日期所在月份的月历以及对应的农历。

(4) 显示年历，可以全屏显示系统当前日期的年历。

(5) 要求操作界面美观简洁，提供上月下月、上年下年的快捷键操作。

(6) 提供容错功能，当用户输入无效日期时，需给出相关提示。

5.2　任务分析

1. 模块设计

如何开始设计万年历系统呢？可先从万年历的功能着手，不过多考虑实现细节，根据任务描述来分析它的功能结构。

按照自顶向下的设计方法，可把万年历系统划分为如下4个功能模块，如图5-2所示。分别是时间获取模块、日历显示模块、用户操作响应模块、辅助工具模块。每个模块的功能如下：

(1) 时间获取模块。该模块用于获取系统当前时间，并存储到一个结构体中。

(2) 日历显示模块。显示年历、月历以及农历。通过自定义的辅助函数来优化显示界面，如改变坐标位置的函数，打印指定数量的空格的函数，打印分割线的函数。

(3) 辅助工具模块。闰年判断，计算农历，计算星期，显示分割线，显示空格，日期有效性检查。

(4) 用户操作响应模块。通过键盘输入对应的键选取所要执行的功能，如查询日期、前后翻阅日期等。

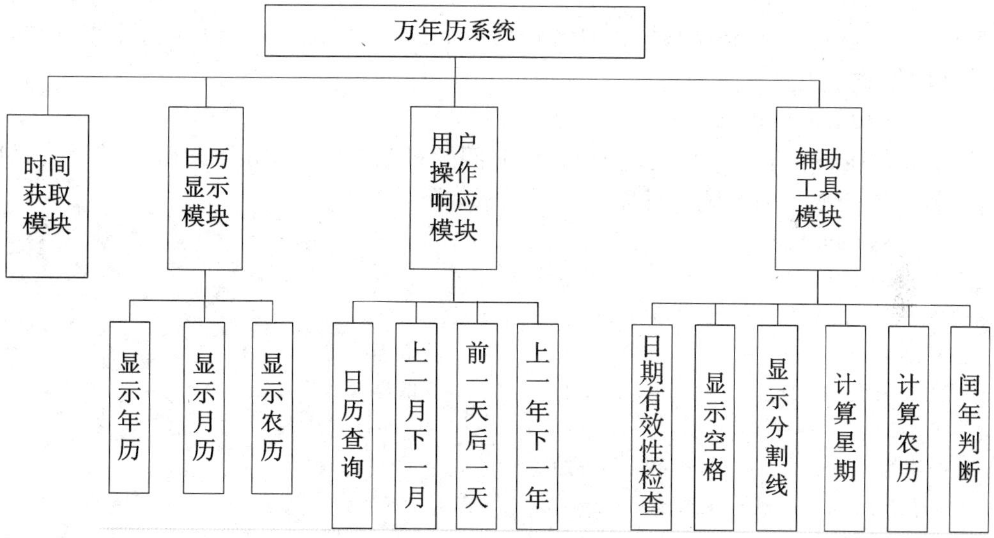

图5-2　万年历系统的功能结构图

2. 任务的重点与难点

(1) 日期的表示。

日期包括年、月、日三个部分，可使用C语言的结构体来组织。定义如下：

```
typedef struct _Date{
    int iYear;
    int iMonth;
    int iDay;
}DateType;
```

(2) 当前系统日期的获取。

C语言提供了时间操作的库函数及时间日期结构体定义，使用时需要用到time.h头文

件。具体来说,包括:

time_t 类型:用来存储从 1970 年到现在经过了多少秒。

结构体 tm:其定义如下:

```
struct tm
{
    int tm_sec;         /* 秒,正常范围 0~59, 但允许至 61*/
    int tm_min;         /* 分钟,0~59*/
    int tm_hour;        /* 小时, 0~23*/
    int tm_mday;        /* 日,即一个月中的第几天,1~31*/
    int tm_mon;         /* 月, 从一月算起,0~11*/
    int tm_year;        /* 年, 从 1900 至今已经多少年*/
    int tm_wday;        /* 星期,一周中的第几天, 从星期日算起,0~6*/
    int tm_yday;        /* 从今年 1 月 1 日到目前的天数,范围 0~365*/
    int tm_isdst;       /* 日光节约时间的旗标*/
};
```

函数:

time 函数,取得从 1970 年 1 月 1 日至今的秒数。使用格式如下:

```
time_t time(time_t*t);
```

localtime 函数,把 time_t 数据按时区转换成 struct tm 结构,它包括了日期与时间,该函数的使用格式如下:

```
struct tm* localtime(const time_t* timep);
```

使用 time 函数获取 1970 年到当前系统时间的秒数,然后使用 localtime 转换为日期格式,这样就可以获取当前系统的日期。代码模板如下:

```
DateType stSystemDate
time_t RawTime=0;
struct tm *pstTargetTime=NULL;
time(&RawTime);                              //获取当前时间,存 Rawtime 里
pstTargetTime=localtime(&RawTime);           //获取当地时间

/* 得到的时间是从 1900 年 1 月 1 日开始的*/
stSystemDate.iYear=pstTargetTime->tm_year+1900;
stSystemDate.iMonth=pstTargetTime->tm_mon+1;
stSystemDate.iDay=pstTargetTime->tm_mday;
```

(3) 给定年份是闰年的判定。

判断闰年的条件是:①能整除 4 且不能整除 100 或②能整除 400。实现代码如下:

```
int IsLeapYear(int iYear)
{
    if (iYear%4==0 && iYear%100 || iYear%400==0)/* 依据年份判断是否为闰年  */
        return 1;
    else
        return 0;
}
```

(4) 已知年、月、日,计算星期。

使用基姆拉尔森计算公式可计算出指定日期的星期，其实现代码如下：

```
int GetWeekday(int iYear, int iMonth, int iDay)
{
    int iWeekday=0, i, iSum=0;

    if (IsLeapYear(iYear)) /* 是闰年就返回 1,否则返回 0  */
        aiMonth[2]=29;
    else
        aiMonth[2]=28;

    for (i=1; i<iMonth; i++)
    {
        iSum+=aiMonth[i];
    }
    iSum+=iDay; /* 该日期到本年 1 月 1 日之前的天数 */

    //基姆拉尔森计算公式
    iWeekday=((iYear-1)*365+(iYear-1)/4-(iYear-1)/100+(iYear-1)/400+iSum)%7;
    return iWeekday;
}
```

(5) 已知公历，计算农历的算法。

推算农历，使用穷举查表的方法。

(6)日期显示的排版输出布局。

使用控制台提供的 API 函数来控制光标的位置来排版日历的显示以及在相应的位置通过输出空格、下划线等使界面清晰美观。光标控制函数在程序代码中多次使用，故定义为一个公共函数，其实现代码如下：

```
void GotoXY(int x, int y)
{
    HANDLE hOutput=GetStdHandle(STD_OUTPUT_HANDLE);
    COORD loc;
    loc.X=x;
    loc.Y=y;
    SetConsoleCursorPosition(hOutput, loc);
}
```

(7) 用户操作功能的实现。

显示用户操作界面，使用 C 语言的库函数 getch()获取用户的快捷键功能选择，然后用 if 语句或 switch 结构来选择调用相应的函数实现用户的功能选择操作。

5.3 系统实现

根据 5.2 节的分析，系统实现分两步走，先针对每个功能模块，使用函数抽象把解决问题的细节与设计分离，然后再编码实现这些细节。

1. 函数抽象

(1) 工具函数,包括:

① 检查日期有效性的函数:void CheckDate()。

② 判断是否为闰年的函数:int IsLeapYear(int iYear)。

③ 把光标定位到第 y 行第 x 列的函数:void GotoXY(int x, int y)。

④ 根据给定日期计算星期的函数:int GetWeekday(int iYear, int iMonth, int iDay)。

⑤ 显示空格的函数:void PrintSpace(int n)。

⑥ 显示分割线的函数:void PrintUnderline()。

⑦ 显示用法说明:void PrintHelp()。

(2) 日历显示函数,包括:

① 显示农历的函数:void PrintDay(DateType *pstTempDate)。

② 显示年历的函数:void PrintWholeYear(int iYear, int iMonth, int iDay)。

③ 显示月历的函数:void PrintMonth(int iYear, int iMonth, int iDay)。

(3) 用户操作响应函数,包括:

响应用户操作的函数:void GetKey()。

(4) 时间获取函数,包括:

获取系统当前日期的函数:void MyGetSystemTime()。

2. 编码实现

系统中各个功能函数的参考实现如下:

```
/*      1. 程序预处理      */

/*      头文件加载      */
#include <stdio.h>
#include <windows.h>
#include <time.h>
#include <conio.h>

/*      定义符号常量      */
#define DAYLAYOUT 0
#define HELPLAYOUT 45
#define LINE_NUM 30
#define UP 0x48
#define DOWN 0x50
#define LEFT 0x4b
#define RIGHT 0x4d
#define PAGE_UP 0x49
#define PAGE_DOWN 0x51

/*      日期结构      */
typedef struct _Date{
    int iYear;
    int iMonth;
```

```
    int iDay;
}DateType;

DateType stSystemDate, stCurrentDate;
int iNumCurrentMon=0;
int iNumLastMon=0;
int aiMonth[13]={ 0, 31, 28, 31, 30, 31, 30, 31, 31, 30, 31, 30, 31 };
char acMon[13][10]={"\0","一月","二月","三月","四月","五月","六月","七月","八月","九
  月","十月","十一月","十二月" };

/*     自定义函数声明     */
int GetWeekday(int iYear, int iMonth, int iDay);
int IsLeapYear(int iYear);
void GotoXY(int x, int y);
void CheckDate();
void GetKey();
void PrintSpace(int n);
void PrintUnderline();
void PrintHelp();
void PrintDay(DateType *pstTempDate);
void PrintMonth(int iYear, int iMonth, int iDay);
void PrintWholeYear(int iYear, int iMonth, int iDay);

/*     检查日期有效性     */
void CheckDate()
{
    if (stCurrentDate.iYear<=0)
    {
        GotoXY(0, 22);
        printf("年份无效!\n");



        GotoXY(0, 23);
        printf("按任意键继续......");
        getch();

        /*   重置为系统的当前时间   */
        stCurrentDate=stSystemDate;
    }

    /*     检查月份是否有效   */
    if (stCurrentDate.iMonth<1 || stCurrentDate.iMonth>12)
    {
        GotoXY(0, 22);
```

```
        printf("月份(%d) 无效!\n", stCurrentDate.iMonth);

        GotoXY(0, 23);
        printf("按任意键继续......");
        getch();

        stCurrentDate=stSystemDate;
    }
}

/*    判断是否为闰年  */
int IsLeapYear(int iYear)
{
    if (iYear<=0)            /*   检查年份是否大于 0  */
    {
        printf("年份无效!\n");
        return-1;
    }
    if (iYear%4==0 && iYear%100 || iYear%400 ==0)/* 依据年份判断是否为闰年  */
        return 1;
    else
        return 0;
}

/*    把光标定位到第 y 行 第 x 列  */
void GotoXY(int x, int y)
{
    HANDLE hOutput=GetStdHandle(STD_OUTPUT_HANDLE);
    COORD loc;
    loc.X=x;
    loc.Y=y;
    SetConsoleCursorPosition(hOutput, loc);
    return;
}

/*    根据给定日期计算星期函数  */
int GetWeekday(int iYear, int iMonth, int iDay)
{
    int iWeekday=0, i, iSum=0;

    if (IsLeapYear(iYear)) /* 是闰年就返回 1,否则返回 0  */
        aiMonth[2]=29;
    else
        aiMonth[2]=28;
```

```
    for (i=1; i<iMonth; i++)
    {
        iSum+=aiMonth[i];
    }
    iSum+=iDay; /* 该日期到本年 1 月 1 日之前的天数 */

  //基姆拉尔森计算公式
    iWeekday=((iYear-1)*365+(iYear-1)/4-(iYear-1)/100+(iYear-1)/400+iSum)%7;
    return iWeekday;
}

/*  显示空格  */
void PrintSpace(int n)
{
    while (n--)
        printf(" ");
}

/*  显示分割线  */
void PrintUnderline()
{
    int i=LINE_NUM;
    while (i--)
        printf("-");
}

/* 显示用法说明  */
void PrintHelp()
{
    GotoXY(HELPLAYOUT, 0);
    printf("==========操作说明==========");

    GotoXY(HELPLAYOUT, 2);
    printf("查询");
    GotoXY(HELPLAYOUT+14, 2);
    printf("S/s key");

    GotoXY(HELPLAYOUT, 3);
    printf("重置");
    GotoXY(HELPLAYOUT+14, 3);
    printf("R/r key");

    GotoXY(HELPLAYOUT, 4);
```

```
    printf("退出");
    GotoXY(HELPLAYOUT+14, 4);
    printf("Q/q key");

    GotoXY(HELPLAYOUT, 5);
    printf("年历");
    GotoXY(HELPLAYOUT+14, 5);
    printf("W/w key");

    GotoXY(HELPLAYOUT, 6);
    printf("- - - - - - - - - - - - - - - - - - - - - - - - - - - - - - - - ");

    GotoXY(HELPLAYOUT, 8);
    printf("年");
    GotoXY(HELPLAYOUT+9, 8);
    printf("下一年   :  PageUp");
    GotoXY(HELPLAYOUT+9, 10);
    printf("上一年   :  PageDown");

    GotoXY(HELPLAYOUT, 12);
    printf("月");
    GotoXY(HELPLAYOUT+9, 12);
    printf("下一月   :   ↑");
    GotoXY(HELPLAYOUT+9, 14);
    printf("上一月   :     ↓");

    GotoXY(HELPLAYOUT, 16);
    printf("日");
    GotoXY(HELPLAYOUT+9, 16);
    printf("下一日   :  →");
    GotoXY(HELPLAYOUT+9, 18);
    printf("上一日   :     ←");
}

/* 显示农历 */
void PrintDay(DateType *pstTempDate)
{
    int iDay;
    static int wCurYear,wCurMonth,wCurDay;
    static int nTheDate,nIsEnd,m,k,n,i,nBit;
    char szNongli[30], szNongliDay[10],szShuXiang[10];

    /* 天干名称*/
    const char * cTianGan[]={"甲","乙","丙","丁","戊","己","庚","辛","壬","癸"};
```

```
/* 地支名称*/
const char * cDiZhi[]={"子","丑","寅","卯","辰","巳","午", "未","申","酉","戌",
"亥"};
/* 属相名称*/
const char * cShuXiang[]={"鼠","牛","虎","兔","龙","蛇", "马","羊","猴","鸡",
"狗","猪"};

/* 农历日期名*/
const char * cDayName[]={"*","初一","初二","初三","初四","初五",
    "初六","初七","初八","初九","初十",
    "十一","十二","十三","十四","十五",
    "十六","十七","十八","十九","二十",
    "廿一","廿二","廿三","廿四","廿五",
    "廿六","廿七","廿八","廿九","三十"};
/* 农历月份名*/
const char * cMonName[]={"* ","正","二","三","四","五","六","七","八","九",
"十","十一","腊"};
/* 公历每月前面的天数*/
const int wMonthAd[12]={0,31,59,90,120,151,181,212,243,273,304,334};

/* 农历数据*/
const int wNongliData[100] =
{2635,333387,1701,1748,267701,694,2391,133423,1175,396438,
3402,3749,331177,1453,694,201326,2350,465197,3221,3402,
400202,2901,1386,267611,605,2349,137515,2709,464533,1738,
2901,330421,1242,2651,199255,1323,529706,3733,1706,398762,
2741,1206,267438,2647,1318,204070,3477,461653,1386,2413,
330077,1197,2637,268877,3365,531109,2900,2922,398042,2395,
1179,267415,2635,661067,1701,1748,398772,2742,2391,330031,
1175,1611,200010,3749,527717,1452,2742,332397,2350,3222,
268949,3402,3493,133973,1386,464219,605,2349,334123,2709,
2890,267946,2773,592565,1210,2651,395863,1323,2707,265877};

/*************************************************
* 农历数据计算方式:用十进制保存
* 例如:1.农历每个月的大小;2.今年是否有闰月,闰几月以及闰月的大小。用一个整数来保存
  这些信息就足够了。具体的方法是:用一位来表示一个月的大小,大月记为 1,小月记为 0,这
  样就用掉 12 位(无闰月)或 13 位(有闰月),再用高 4 位来表示闰月的月份,没有闰月记为 0。
  比如说,2000 年的信息数据是 0xC96,化为十进制就是 3222,化成二进制就是
  110010010110B,表示的含义是指 1,2,5,8,10,11 月大,其余月小。
  数字和 4095 的关系是:如果小于会扣掉一个月(应该就是这一年没有闰月)。这里注意一下
  4095 的 12 位全是 1。
  数字和 65536 的关系是:LunarData[m]/65536+1,保存闰月是几月
*************************************************/
```

```
/* 取当前公历年、月、日*/
wCurYear=pstTempDate->iYear;
wCurMonth=pstTempDate->iMonth;
wCurDay=pstTempDate->iDay;

/* 计算到初始时间 1921 年 2 月 8 日的天数:1921-2-8(正月初一) */
/* 1921 年 鸡年 辛酉年*/
nTheDate=(wCurYear-1921)*365+(wCurYear-1921)/4+wCurDay+wMonthAd[wCurMonth-1]
-38;

//如今年阳历是闰年(2 月有 29 天),而且当前月份大于 2 月,经历的总天数加 1
if((!(wCurYear%4)) && (wCurMonth>2))
    nTheDate=nTheDate+1;

/* 计算农历天干、地支、月、日*/
nIsEnd=0;
m=0;
while(nIsEnd!=1)
{
    if(wNongliData[m]<4095)           //判断是否有闰月,小于则没有闰月,扣掉一个月
        k=11;
    else
        k=12;
    n=k;
    while(n>=0)
    {
        //获取 wNongliData(m)的第 n 个二进制位的值
        nBit=wNongliData[m];
        for(i=1;i<n+1;i++)            //大小月确定
            nBit=nBit/2;
        nBit=nBit%2;                  //取出农历数据前 12 位的二进制数据
        if (nTheDate<=(29+nBit))      //若为 1 则是大月,天数有 30 天
        {
            nIsEnd=1;                 //大月
            break;
        }
        nTheDate=nTheDate-29-nBit;    //天数
        n=n-1;
    }
    if(nIsEnd)
        break;
```

```
        m=m+1;
    }
    wCurYear=1921+m;
    wCurMonth=k-n+1;                        //农历月份
    wCurDay=nTheDate;                       //农历天数
    if (k==12)                              //存在闰月
    {
        if (wCurMonth==wNongliData[m] / 65536+1)    //保存闰月是几月
            wCurMonth=1-wCurMonth;
        else if (wCurMonth>wNongliData[m] / 65536+1)
            wCurMonth=wCurMonth-1;
    }

    if (pstTempDate==NULL){              /* 检查指针是否为空,若为空,退出*/
        printf("空指针!");
        return;
    }
    iDay=GetWeekday(pstTempDate->iYear, pstTempDate->iMonth, pstTempDate->iDay);
printf ( " 公 历: %4d-%02d-%02d,", pstTempDate - > iYear, pstTempDate - > iMonth,
pstTempDate->iDay);

    switch (iDay)
    {
    case 0: printf("星期日"); break;
    case 1: printf("星期一"); break;
    case 2: printf("星期二"); break;
    case 3: printf("星期三"); break;
    case 4: printf("星期四"); break;
    case 5: printf("星期五"); break;
    case 6: printf("星期六"); break;
    }

    printf("\n 农历:");
    printf(" %s 年 ",cShuXiang[(wCurYear-4)%12]);          //属相
    printf("%s",cTianGan[(wCurYear-4)%10]);               //天干
    printf("%s 年 ",cDiZhi[(wCurYear-4)%12]);             //地支

    /* 生成农历月、日 ==>wNongliDay*/
    if (wCurMonth<1)                                      //闰月
    {
        printf("闰");
        printf("%s",cMonName[-1*wCurMonth]);              //农历月份确定
        printf("月");
        printf("%s",cDayName[wCurDay]);                   //农历日期确定
```

```
    }
    else
    {
        printf("%s",cMonName[wCurMonth]);
        printf("月 ");
        printf("%s",cDayName[wCurDay]);
    }
}

/*    显示月历    */
void PrintMonth(int iYear, int iMonth, int iDay)
{
    int iOutputDay=1;           /* 输出的日期 */
    int iError=0;               /* 用以标记日期是否有效*/
    int iDayInLastMon=0;        /* 本月第一个星期在上月的天数 */
    int iWeekday=0;
    int iRow=4;

    if (IsLeapYear(iYear))      /* 是闰年就返回 1,否则返回 0  */
        aiMonth[2]=29;
    else
        aiMonth[2]=28;

    if (iDay>aiMonth[iMonth])
    {
        printf("(%s)月最多只有 %d 天\n", acMon[iMonth], aiMonth[iMonth]);
        iError=1;
    }

    if (iDay<=0)
    {
        printf("日期无效\n");
        iError=1;
    }

    if (iError)                 /* 如果日期无效,重置为系统当前的日期*/
    {
        printf("按任意键继续......\n");
        getch();
        iYear=stSystemDate.iYear;
        iMonth=stSystemDate.iMonth;
        iDay=stSystemDate.iDay;
        stCurrentDate=stSystemDate;
        if (IsLeapYear(iYear))   /*  此时由于日期变化了,需要再次修改 2 月最大天数  */
```

```
            aiMonth[2]=29;
        else
            aiMonth[2]=28;
    }

    iNumCurrentMon=aiMonth[iMonth];
    iNumLastMon=aiMonth[iMonth-1];

    /* 获取给定该月份1号的星期  */
    iWeekday=iDayInLastMon=GetWeekday(iYear, iMonth, 1);

    system("CLS");
    GotoXY(DAYLAYOUT, 0);
    printf("%d年%s", iYear, acMon[iMonth]);

    GotoXY(DAYLAYOUT, 1);
    PrintUnderline();
    GotoXY(DAYLAYOUT, 2);
    printf("日  一  二  三  四  五  六 ");
    /* 不输出在本月第一星期中但不属于本月的日期,每个日期占用四个空格  */
    GotoXY(DAYLAYOUT, 3);
    PrintSpace(iDayInLastMon * 4);

    while (iOutputDay<=aiMonth[iMonth])
    /* 所要输出的天数超过所属月最大天数时退出循环,表示已输出整个月的月历 */
    {
        if (iOutputDay==iDay)
        {
            if (iDay<10)                    /* 只有一位的数与两位数处理不同 */
                printf("(%d)", iOutputDay);
            else
                printf("(%2d)", iOutputDay);
        }
        else
            printf("%4d", iOutputDay);

        if (iWeekday==6)                    /* 输出为星期六的日期后,换行*/
            GotoXY(DAYLAYOUT, ++iRow);
        iWeekday=iWeekday>5 ? 0 : iWeekday+1;  /* 如果是星期六,则变为星期日,否则加一
即可。再次强调星期日是每个星期的第一天*/
        iOutputDay++;
    }

    GotoXY(DAYLAYOUT, 9);
```

```
    PrintUnderline();
    GotoXY(DAYLAYOUT+2, 11);
    printf("查询的日期是 :");
    GotoXY(DAYLAYOUT, 12);
    PrintDay(&stCurrentDate);
    GotoXY(DAYLAYOUT, 14);
    PrintUnderline();

    GotoXY(DAYLAYOUT+2, 15);
    printf("今天的日期是:\n");
    GotoXY(DAYLAYOUT, 16);
    PrintDay(&stSystemDate);
    GotoXY(DAYLAYOUT, 18);
    PrintUnderline();
    PrintHelp();
    GotoXY(0, 20);
}

/* 显示年历 */
void PrintWholeYear(int iYear, int iMonth, int iDay)
{
    int iOutputDay=1;          /* 输出的日期 */
    int iOutputMonth=1;        /* 输出的月份*/
    int iError=0;              /* 用以标记日期是否有效*/
    int iDayInLastMon=0;       /* 本月第一个星期在上月的天数 */
    int iWeekday=0;
    int iRow=0;
    int iTemp=3;
    int iCol=40;
    if (IsLeapYear(iYear))
        aiMonth[2]=29;
    else
        aiMonth[2]=28;
    if (iDay>aiMonth[iMonth])
    {
        printf("(%s)月最多只有 %d 天\n", acMon[iMonth], aiMonth[iMonth]);
        iError=1;
    }

    if (iDay<=0)
    {
        printf("日期无效!\n");
        iError=1;
    }
```

```
if (iError)
{
    printf("按任意键继续......\n");
    getch();
    iYear=stSystemDate.iYear;
    iMonth=stSystemDate.iMonth;
    iDay=stSystemDate.iDay;
    stCurrentDate=stSystemDate;
}

iWeekday=iDayInLastMon=GetWeekday(iYear, 1, 1);
GotoXY(18, 0);
printf(" %d年年历", iYear);
if (IsLeapYear(iYear))
    printf("[闰年!]\n");
else
    printf("[平年!]\n");

GotoXY(0, 1);
printf("日  一  二  三  四  五  六");
GotoXY(iCol, 1);
printf("日  一  二  三  四  五  六");

while (iOutputMonth<=12)
{
    iRow=iTemp;
    GotoXY(iCol, iRow-1);
    PrintUnderline();

    if (iOutputMonth%2)
        iCol=0;
    else
    {
        iCol=40;
        iTemp+=8;
    }
    iOutputDay=1;

    GotoXY(iCol+10, iRow);
    printf("%s", acMon[iOutputMonth]);
    GotoXY(iCol, ++iRow);
    PrintSpace(iDayInLastMon*4);
```

```
        if (iOutputMonth==iMonth)
        {
            while (iOutputDay<=aiMonth[iOutputMonth])
            {
                if (iOutputDay==iDay)
                {
                    if (iDay<10)
                        printf("(%d)", iOutputDay);
                    else
                        printf("(%2d)", iOutputDay);
                }
                else
                    printf("%4d", iOutputDay);
                if (iWeekday==6)
                    GotoXY(iCol, ++iRow);
                iWeekday=iWeekday>5 ? 0 : iWeekday+1;
                iOutputDay++;
            }
        }
        else
        {
            while (iOutputDay<=aiMonth[iOutputMonth])
            {
                printf("%4d", iOutputDay);
                if (iWeekday==6)
                    GotoXY(iCol, ++iRow);
                iWeekday=iWeekday>5 ? 0 : iWeekday+1;
                iOutputDay++;
            }
        }

        iOutputMonth++;
        iDayInLastMon=iWeekday;
    }
    iRow=iTemp;
    GotoXY(0, iRow-1);
    PrintUnderline();
    GotoXY(40, iRow-1);
    PrintUnderline();
    GotoXY(0, iRow);
    printf("按任意键返回主界面!\n");
    getch();
}
```

```
/*    响应用户操作    */
void GetKey()
{
    char cKey='\0', c='\0';
    while (1)
    {
        PrintMonth(stCurrentDate.iYear, stCurrentDate.iMonth, stCurrentDate.iDay);

        cKey=getch();
        if (cKey==-32)
        {
            cKey=getch();
            switch (cKey)
            {

            case UP:
            {
                if (stCurrentDate.iMonth<12)
                    stCurrentDate.iMonth++;
                else
                {
                    stCurrentDate.iYear++;
                    stCurrentDate.iMonth=1;
                }
                break;
            }


        case DOWN:
            {
                if (stCurrentDate.iMonth>1)
                    stCurrentDate.iMonth--;
                else
                {
                    stCurrentDate.iYear--;
                    stCurrentDate.iMonth=12;
                }
                break;
            }


        case LEFT:
            {
                if (stCurrentDate.iDay>1)
```

```
            stCurrentDate.iDay--;
        else
        {
            /* 若当前日期为 1 月 1 日,减一天后则变为上一年的 12 月 31 日*/
            if (stCurrentDate.iMonth==1)
            {
                stCurrentDate.iYear--;
                stCurrentDate.iMonth=12;
                stCurrentDate.iDay=31;
            }
            else
            {
                stCurrentDate.iMonth--;
                stCurrentDate.iDay=31;
            }
        }
        break;
    }


case RIGHT:
    {
        if (stCurrentDate.iDay<iNumCurrentMon)
            stCurrentDate.iDay++;
        else
        {
            /* 若当前日期为 12 月 31 日,加一天后则变成下一年 1 月 1 日*/
            if (stCurrentDate.iMonth==12)
            {
                stCurrentDate.iYear++;
                stCurrentDate.iMonth=1;
                stCurrentDate.iDay=1;
            }
            else
            {
                stCurrentDate.iMonth++;
                stCurrentDate.iDay=1;
            }
        }
        break;
    }

case PAGE_UP:
    {
```

```
                stCurrentDate.iYear++;
                break;
            }

        case PAGE_DOWN:
            {
                stCurrentDate.iYear--;
                break;
            }

        }
    }
    else
    {
        if (cKey=='S'||cKey=='s')
        {
            printf("输入日期(%d-%02d-%02d,格式示例)\n",
                    stSystemDate.iYear,
                    stSystemDate.iMonth,
                    stSystemDate.iDay);
            scanf("%d-%d-%d",
                &stCurrentDate.iYear,
                &stCurrentDate.iMonth,
                &stCurrentDate.iDay);
            CheckDate();
            getchar();
        }

        if (cKey=='R'||cKey=='r')
        {
            stCurrentDate=stSystemDate;
        }

    if (cKey=='Q'||cKey=='q')
    {
        printf("真要退出?<Y/N> ");
        c=getchar();
        if (c=='Y'||c=='y')
            break;
        }

        if (cKey=='W'||cKey=='w')
        {
            system("cls");     /* 打印全年日历之前,先清屏*/
```

```
                PrintWholeYear(stCurrentDate.iYear,
                        stCurrentDate.iMonth, stCurrentDate.iDay);
            }
        }
    }
}


/* 获取系统当前日期 */
void MyGetSystemTime()
{
    time_t RawTime=0;
    struct tm *  pstTargetTime=NULL;
    time(&RawTime);                        //获取当前时间,存 Rawtime 里
    pstTargetTime=localtime(&RawTime);  //获取当地时间

    /* 得到的时间是从 1900 年 1 月 1 日开始的*/
    stSystemDate.iYear=pstTargetTime->tm_year+1900;
    stSystemDate.iMonth=pstTargetTime->tm_mon+1;
    stSystemDate.iDay=pstTargetTime->tm_mday;

    stCurrentDate=stSystemDate;
}

/*   主函数    */
int main()
{
    MyGetSystemTime();
    GetKey();
    return 0;
}
```

源文件下载

5.4 测试用例

如表 5-1 所示,为万年历测试用例。

表 5-1 万年历测试用例

序号	测试项	操作步骤	预期结果	测试结果
1	农历查询	输入 2018-4-31	日期无效	通过
		输入 2018-3-27	显示正确农历	通过
2	输出年历	输入 W/w 字符	显示全年日历	通过
3	用户快捷键操作	按快捷键左右箭头键	切换到前一天或后一天	通过
4		按快捷键上下箭头键	切换到上一月或下一月	通过
		按快捷键:[PageUp][PageDown]	切换到上一年或下一年	通过

5.5　思考与创新

选择以下一个或几个功能进行扩展：

(1) 拓展系统的功能，丰富界面的颜色。

(2) 在日历上标识二十四节气与节假日。

日历显示的参考界面如图 5-3 所示。

图 5-3　改进的日历显示参考界面

(3)添加记事功能。

第6章　俄罗斯方块

游戏类项目具有趣味性，可以激发学习兴趣，提高学习的积极性。用C语言编写中小型游戏项目，如俄罗斯方块、五子棋、迷宫等需要应用到界面开发技术、算法等知识。本章以俄罗斯方块为例介绍该游戏软件的开发过程与基本思路，运用界面开发技术以及相关算法，解决俄罗斯方块开发的实际问题。

6.1　任务描述

俄罗斯方块游戏的基本功能是移动、旋转和摆放游戏随机产生的各种方块，使之排列成完整的一行或多行，系统可消除填满的整行并可记录玩家的得分。用C语言实现俄罗斯方块游戏，具体来说，功能要求如下：

（1）游戏方块控制。实现对游戏方块的左移、右移、加速下落、自由下落、旋转以及行满消除的功能。

（2）游戏界面设计。当游戏方块左右移动、下落、旋转时，清除先前的游戏方块，用新坐标重绘游戏方块，当消除满行时，要重新绘制游戏底板的当前状态。

（3）游戏帮助。介绍本游戏操作方法。

（4）玩家得分计算。当玩家玩游戏时，按照一定规则给游戏玩家计算游戏得分。

6.2　任务分析

1. 系统结构

设计与开发游戏类软件时，通常需要思考如下几个方面：

（1）游戏界面。

包括初始界面、操作说明界面、游戏结束界面、游戏进行界面。

（2）游戏逻辑。

包括玩家操作的响应、游戏规则，如果是双人游戏且计算机作为游戏的一方还需考虑计算机的操作。

（3）玩家得分处理。

根据某种规则计算并记录玩家在游戏过程中的得分。

根据任务描述与上述设计思路，本系统的结构如图6-1所示。

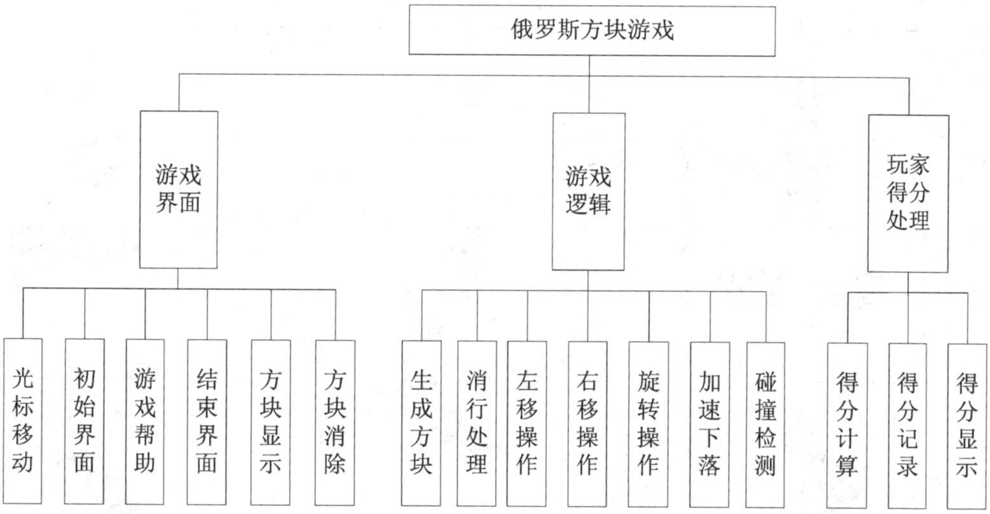

图 6-1　俄罗斯方块游戏的功能结构框图

2. 界面设计

游戏的主界面设计如图 6-2 所示,左边为方块摆放区,右边为游戏帮助说明界面。

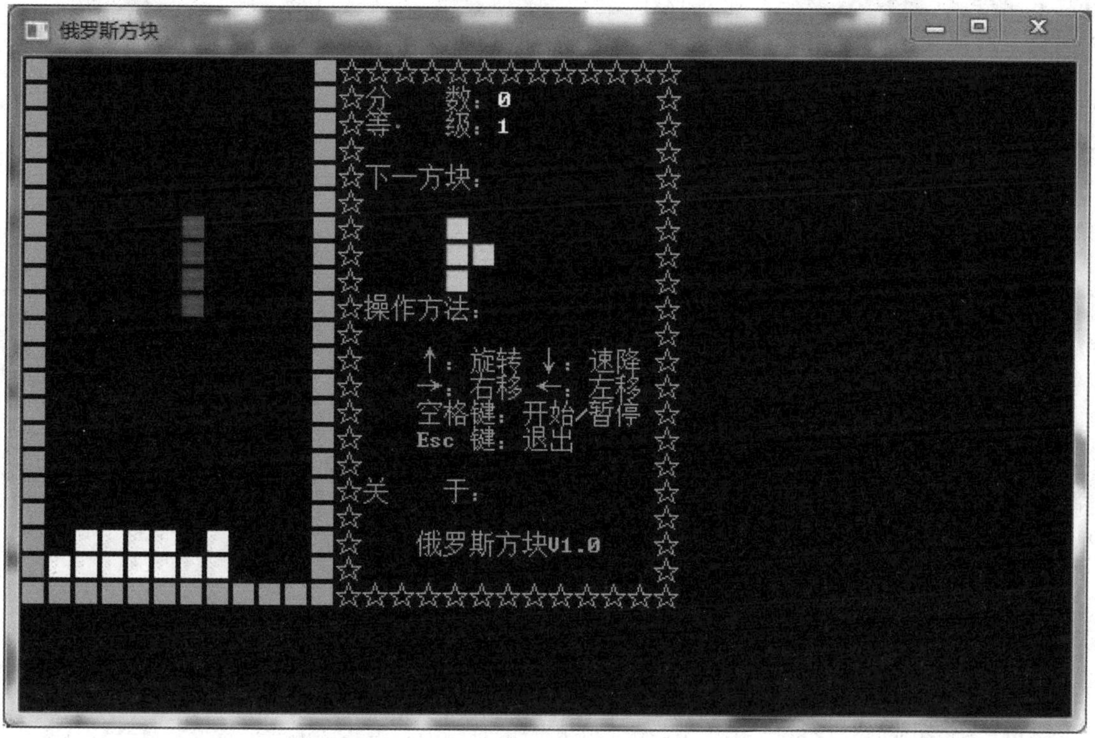

图 6-2　俄罗斯方块游戏的主界面

(1) 方块摆放区由 21×12 个格子构成,左右第 1 列为边界,最底下 1 行也为边界。中间区域摆放方块后,按照方块的形状显示“■”,或“ ”。

(2) 所有方块及其旋转情况,共有 19 种形状,如表 6-1 所示。

表 6-1 俄罗斯方块的形状

序号	形状	序号	形状	序号	形状
1		8	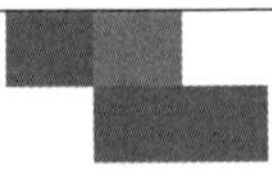	15	
2		9		16	
3		10		17	
4		11		18	
5		12		19	
6		13			
7		14			

(3) 玩家分数与等级显示在右边的最上面。

3. 数据组织

(1) 方块。

每个方块用 4×4 的二维数组表示。第 1 个数组元素表示方格编号。对应表 6-1,可以定义如下 19 个二维数组来表示每个方块,其中元素值为 1 表示"■",为 0 表示空格。

```
int block00[4][4]={{10,0,0,0},{1,1,1,1},{0,0,0,0},{0,0,0,0}};
int block01[4][4]={{11,0,1,0},{0,0,1,0},{0,0,1,0},{0,0,1,0}};
int block02[4][4]={{12,0,0,0},{0,0,0,0},{1,1,1,0},{0,1,0,0}};
int block03[4][4]={{13,0,0,0},{0,1,0,0},{1,1,0,0},{0,1,0,0}};
int block04[4][4]={{14,0,0,0},{0,0,0,0},{0,1,0,0},{1,1,1,0}};
int block05[4][4]={{15,0,0,0},{0,1,0,0},{0,1,1,0},{0,1,0,0}};
int block06[4][4]={{16,0,0,0},{0,0,0,0},{1,1,1,0},{1,0,0,0}};
int block07[4][4]={{17,0,0,0},{1,1,0,0},{0,1,0,0},{0,1,0,0}};
int block08[4][4]={{18,0,0,0},{0,0,0,0},{0,0,1,0},{1,1,1,0}};
int block09[4][4]={{19,0,0,0},{0,1,0,0},{0,1,0,0},{0,1,1,0}};
int block10[4][4]={{20,0,0,0},{0,0,0,0},{1,1,1,0},{0,0,1,0}};
int block11[4][4]={{21,0,0,0},{0,1,0,0},{0,1,0,0},{1,1,0,0}};
```

```
int block12[4][4]={{22,0,0,0},{0,0,0,0},{1,0,0,0},{1,1,1,0}};
int block13[4][4]={{23,0,0,0},{0,1,1,0},{0,1,0,0},{0,1,0,0}};
int block14[4][4]={{24,0,0,0},{0,0,0,0},{0,1,1,0},{1,1,0,0}};
int block15[4][4]={{25,0,0,0},{1,0,0,0},{1,1,0,0},{0,1,0,0}};
int block16[4][4]={{26,0,0,0},{0,0,0,0},{1,1,0,0},{0,1,1,0}};
int block17[4][4]={{27,0,0,0},{0,0,1,0},{0,1,1,0},{0,1,0,0}};
int block18[4][4]={{28,0,0,0},{0,0,0,0},{1,1,0,0},{1,1,0,0}};
```

(2) 方块摆放区域。

使用 21×12 的二维数组存储方块摆放区域,元素值为 1 表示"■",为 0 表示空格。

```
int map[21][12];
```

4. 算法设计

(1)主控模块。

```
int main()
{
        ① 显示初始界面;
        ② 显示帮助界面;
        ③ 玩家得分清零;
        ④ 初始化游戏等级;
        ⑤ 初始化方块摆放区域;
        ⑥ While(true)
                生成方块;
                按规则检测摆放区域,若可消行,则进行消行处理,并计算玩家得分,若摆放区
            存在冲突,则游戏退出;
                接收用户按键
                    若按[ESC]键,退出循环;
                    若按"→"键,方块右移;
                    若按"←"键,方块左移;
                    若按"↓"键,方块加速下落;
                    若按"↑"键,方块旋转;
                    若按空格键,游戏暂停;
}
```

(2) 光标移动。

```
void GotoXY(HANDLE hOut, int x, int y)
{
    COORD pos;
    pos.X=x;
    pos.Y=y;
    SetConsoleCursorPosition(hOut, pos);
}
```

(3)初始界面。

```
void InitialWindow(HANDLE hOut)
{
        ① 显示标题;
```

```
        ② 更改指定的控制台屏幕缓冲区的大小;
        ③ 设计控制台窗口大小与位置;
        ④ 设置光标形状;
}
```

(4)游戏帮助。

```
void DisplayHelp(HANDLE hOut)
{
        ① 显示得分;
        ② 显示等级;
        ③ 显示下一个方块;
        ④ 显示操作说明;
}
```

(5) 显示方块。

```
void DisplayBlock(HANDLE hOut, int block[4][4], int x, int y)
{
        ① 根据方块的编号设置方块显示的颜色;
        ② 根据方块的形状数据数组 block,若某元素为 1,则在对应位置显示"■";
}
```

(6)消除屏幕上的某个方块。

```
void ClearBlock(HANDLE hOut, int block[4][4], int x, int y)
{
    int i, j;
    for (i=0; i<4; ++i)
    {
        if (i+x>=0)
        {
            for (j=0; j<4; ++j)
            {
                if (block[i][j]==1)      //原来显示"■"的位置替换为空格
                {
                    GotoXY(hOut, 2 * (y+j), x+i);
                    printf("  ");
                }
            }
        }
    }
}
```

(7) 生成方块。

```
void RoundBlock(HANDLE hOut, int block[4][4])
{
        ① 调用随机函数 rand()生成一个 1 到 19 之间的数;
        ② 根据生成的随机数,以随机数对应方块的编号,给存储方块的二维数组 block 赋值;
        ③ 把方块显示在游戏帮助界面中的下一个方块位置;
```

```
}
```

(8) 消行处理。

包括满行判断和消除策略，当每次方块下落到底部时，检测满行，若存在满行，消除满行，累加玩家的得分。关键代码如下：

```
void EliminateRow(HANDLE hOut, int map[21][12], int *pval, int *pfraction, int *
pcheckpoint)
{
    int i,j, m, n;
    SetConsoleTextAttribute(hOut, FOREGROUND_BLUE | FOREGROUND_GREEN | FOREGROUND_RED |
FOREGROUND_INTENSITY);
    for (i=19; i>=0; --i)
    {
        int x=0;
        for (j=1; j<11; ++j)
        {
            x+=map[i][j];
        }
        if (x==10)
        {
            *pfraction+=100;
            if (*pval>1 && *pfraction / 1000+1! =*pcheckpoint)
            {
                *pcheckpoint=*pfraction / 1000+1;
                *pval-=5;
            }
            for (m=i; m>0; --m)
            {
                for (n=1; n<11; ++n)
                {
                    map[m][n]=map[m-1][n];
                    GotoXY(hOut, 2 *n,m);
                    if (map[m][n]==1)
                    {
                        printf("■");
                    }
                    else
                    {
                        printf("  ");
                    }
                }
            }
            ++i;
        }
    }
```

```
    GotoXY(hOut, 36, 1);
    printf("%d",*pfraction);
    GotoXY(hOut, 36, 2);
    printf("%d",*pcheckpoint);
}
```

(9) 方块左移。

```
void TurnLeft(HANDLE hOut, int block[4][4], int map[21][12], int x, int *py)
{
    检测当前方块左一格与方块摆放区是否冲突,若没有冲突,则修改方块的显示位置;
}
```

(10) 方块右移。

```
void TurnRight(HANDLE hOut, int block[4][4], int map[21][12], int x, int *py)
{
    检测当前方块右一格与方块摆放区是否冲突,若没有冲突,则修改方块的显示位置;
}
```

(11) 方块顺时针旋转 90 度。

根据变换的方式和移动的位置,更新方块的坐标。采用穷举法逐一处理方块的各种可能形状,并计算出其坐标。

```
void TurnUp(HANDLE hOut, int block[4][4], int map[21][12], int x, int *py)
{
        ① 取出方块的形状编号;
        ② 根据其形状编号,获得方块顺时针旋转 90 度的形状编号;
        ③ 修改方块的形状数据;
        ④ 根据需要修改方块显示位置的纵坐标;
}
```

(12) 方块加速下落。

```
int TurnDown(HANDLE hOut, int block[4][4], int map[21][12], int *px, int y)
{
        ① 取出摆放区下落的方块是否与摆放区存在冲突;
        ② 若不存在冲突,则清除原显示的方块,修改方块显示位置的坐标,在新位置显示方块;
}
```

(13) 碰撞检测。

```
int CollisionDetection(int block[4][4], int map[21][12], int x, int y)
{
    int i, j;
    for (i=0; i<4; ++i)
    {
        for(j=0; j<4; ++j)
        {
            if (x+i>=0 && y+j>=0 && map[x+i][y+j]==1 && block[i][j]==1)
            {
                return FALSE;
            }
```

```
        }
    }
    return TRUE;
}
```

(14) 游戏结束。

```
void GameOver(HANDLE hOut, int block[4][4], int map[21][12])
{
    显示游戏结束信息;
    按收用户按键,若为[ESC]键,则退出,空格键重新开始;
}
```

6.3　系统实现

系统参考实现如下:

```
//"俄罗斯方块"V1.0

#include <stdio.h>
#include <string.h>
#include <time.h>
//#include <cstdlib>
#include <windows.h>
#include <conio.h>

#define TRUE  1
#define FALSE 0

int block00[4][4]={{10,0,0,0},{1,1,1,1},{0,0,0,0},{0,0,0,0}};
int block01[4][4]={{11,0,1,0},{0,0,1,0},{0,0,1,0},{0,0,1,0}};
int block02[4][4]={{12,0,0,0},{0,0,0,0},{1,1,1,0},{0,1,0,0}};
int block03[4][4]={{13,0,0,0},{0,1,0,0},{1,1,0,0},{0,1,0,0}};
int block04[4][4]={{14,0,0,0},{0,0,0,0},{0,1,0,0},{1,1,1,0}};
int block05[4][4]={{15,0,0,0},{0,1,0,0},{0,1,1,0},{0,1,0,0}};
int block06[4][4]={{16,0,0,0},{0,0,0,0},{1,1,1,0},{1,0,0,0}};
int block07[4][4]={{17,0,0,0},{1,1,0,0},{0,1,0,0},{0,1,0,0}};
int block08[4][4]={{18,0,0,0},{0,0,0,0},{0,0,1,0},{1,1,1,0}};
int block09[4][4]={{19,0,0,0},{0,1,0,0},{0,1,0,0},{0,1,1,0}};
int block10[4][4]={{20,0,0,0},{0,0,0,0},{1,1,1,0},{0,0,1,0}};
int block11[4][4]={{21,0,0,0},{0,1,0,0},{0,1,0,0},{1,1,0,0}};
int block12[4][4]={{22,0,0,0},{0,0,0,0},{1,0,0,0},{1,1,1,0}};
int block13[4][4]={{23,0,0,0},{0,1,1,0},{0,1,0,0},{0,1,0,0}};
int block14[4][4]={{24,0,0,0},{0,0,0,0},{0,1,1,0},{1,1,0,0}};
int block15[4][4]={{25,0,0,0},{1,0,0,0},{1,1,0,0},{0,1,0,0}};
int block16[4][4]={{26,0,0,0},{0,0,0,0},{1,1,0,0},{0,1,1,0}};
```

```
int block17[4][4]={{27,0,0,0},{0,0,1,0},{0,1,1,0},{0,1,0,0}};
int block18[4][4]={{28,0,0,0},{0,0,0,0},{1,1,0,0},{1,1,0,0}};

void InitialWindow(HANDLE hOut);                    //初始化窗口
void DisplayHelp(HANDLE hOut);                      //显示帮助信息
void GotoXY(HANDLE hOut, int x, int y);             //移动光标
void RoundBlock(HANDLE hOut, int block[4][4]);//随机生成方块并打印到下一个方块位置
int CollisionDetection(int block[4][4], int map[21][12], int x, int y);  //检测碰撞
void DisplayBlock(HANDLE hOut, int block[4][4], int x, int y);           //显示方块
void ClearBlock(HANDLE hOut, int block[4][4], int x, int y);             //消除方块
void TurnLeft(HANDLE hOut, int block[4][4], int map[21][12], int x, int *py);//左移
void TurnRight(HANDLE hOut, int block[4][4], int map[21][12], int x, int *py);//右移
void TurnUp(HANDLE hOut, int block[4][4], int map[21][12], int x, int *py);   //顺时
  针旋转 90 度
int TurnDown(HANDLE hOut, int block[4][4], int map[21][12], int *px, int y);  //加速
  下落
void GameStop(HANDLE hOut, int block[4][4]);//游戏暂停
void GameOver(HANDLE hOut, int block[4][4], int map[21][12]);//游戏结束
void EliminateRow(HANDLE hOut, int map[21][12], int * pval, int * pfraction, int
  *pcheckpoint);                        //判断是否能消行并更新分值

int main()
{
    int map[21][12];
    int blockA[4][4];                //候选区的方块
    int blockB[4][4];                //下落中的方块
    int positionX, positionY;/       /方块左上角的坐标
    int check;                       //检查方块还能不能下落
    char key;                        //用来存储按键
    int val;                         //用来控制下落速度
    int fraction;                    //用来存储得分
    int checkpoint;                  //用来存储关卡
    int times;
    int i, j;

    HANDLE hOut;
    hOut=GetStdHandle(STD_OUTPUT_HANDLE);     //获取标准输出设备句柄
    InitialWindow(hOut);
initial:
    GotoXY(hOut, 0, 0);
    DisplayHelp(hOut);
    check=TRUE;
    val=50;
    fraction=0;
```

```
checkpoint=1;
times=val;
for (i=0; i<20; ++i)
{
    for (j=1; j<11; ++j)
    {
        map[i][j]=0;
    }
}
for (i=0; i<20; ++i)
{
    map[i][0]=map[i][11]=1;
}
for (i=0; i<12; ++i)
{
    map[20][i]=1;
}

srand((unsigned)time(NULL));
RoundBlock(hOut, blockA);
while (TRUE)
{
    if (check)
    {
        EliminateRow(hOut, map, &val, &fraction, &checkpoint);
        check=FALSE;
        positionX=-3;
        positionY=4;
        if (CollisionDetection(blockA, map, positionX, positionY))
        {
            for (i=0; i<4; ++i)
            {
                for (j=0; j<4; ++j)
                {
                    blockB[i][j]=blockA[i][j];
                }
            }
            RoundBlock(hOut, blockA);
        }
        else
        {
            GameOver(hOut, blockA, map);
            goto initial;
        }
```

```
}
DisplayBlock(hOut, blockB, positionX, positionY);
if (_kbhit())
{
    key=_getch();
    switch (key)
    {
    case 72:
        TurnUp(hOut, blockB, map, positionX, &positionY);
        break;
    case 75:
        TurnLeft(hOut, blockB, map, positionX, &positionY);
        break;
    case 77:
        TurnRight(hOut, blockB, map, positionX, &positionY);
        break;
    case 80:
        switch (TurnDown(hOut, blockB, map, &positionX, positionY))
        {
        case 0:
            check=FALSE;
            break;
        case 1:
            check=TRUE;
            break;
        case 2:
            GameOver(hOut, blockB, map);
            goto initial;
        default:
            break;
        }
        break;
    case 32:
        GameStop(hOut, blockA);
        break;
    case 27:
        exit(0);
    default:
        break;
    }
}
Sleep(20);
if (0==--times)
{
```

```
            switch (TurnDown(hOut, blockB, map, &positionX, positionY))
            {
            case 0:
                check=FALSE;
                break;
            case 1:
                check=TRUE;
                break;
            case 2:
                GameOver(hOut, blockB, map);
                goto initial;
            default:
                break;
            }
            times=val;
        }
    }
    getch();
    return 0;
}

/* 初始化窗口 */
void InitialWindow(HANDLE hOut)
{
    COORD size;
    SMALL_RECT rc={ 0, 0, 79, 24 };
    CONSOLE_CURSOR_INFO cursor_info={ 1, 0 };
    SetConsoleTitle(L"俄罗斯方块");
    size.X=80;
    size.Y=25;

    SetConsoleScreenBufferSize(hOut, size);
    SetConsoleWindowInfo(hOut, TRUE, &rc);
    SetConsoleCursorInfo(hOut, &cursor_info);
}

/* 显示帮助信息 */
void DisplayHelp(HANDLE hOut)
{
    int i;
    SetConsoleTextAttribute(hOut, FOREGROUND_RED | FOREGROUND_GREEN | FOREGROUND_
BLUE);
    for (i=0; i<20; ++i)
    {
```

```
        printf("■                          ■☆                          ☆\n");
    }
    GotoXY(hOut, 26, 0);
    printf("☆☆☆☆☆☆☆☆☆☆☆☆");
    GotoXY(hOut, 0, 20);
    printf("■■■■■■■■■■■■■☆☆☆☆☆☆☆☆☆☆☆☆☆");
    GotoXY(hOut, 26, 1);
    printf("分    数:      ");
    GotoXY(hOut, 26, 2);
    printf("关    卡:      ");
    GotoXY(hOut, 26, 4);
    printf("下一方块:");
    GotoXY(hOut, 26, 9);
    printf("操作方法:");
    GotoXY(hOut, 30, 11);
    printf("↑:旋转 ↓:速降");
    GotoXY(hOut, 30, 12);
    printf("→:右移 ←:左移");
    GotoXY(hOut, 30, 13);
    printf("空格键:开始/暂停");
    GotoXY(hOut, 30, 14);
    printf("Esc键:退出");
    GotoXY(hOut, 26, 16);
    printf("关    于:");
    GotoXY(hOut, 30, 18);
    printf("俄罗斯方块V1.0");
    GotoXY(hOut, 35, 19);
}

/* 移动光标 */
void GotoXY(HANDLE hOut, int x, int y)
{
    COORD pos;
    pos.X=x;
    pos.Y=y;
    SetConsoleCursorPosition(hOut, pos);
}

/* 随机生成方块并打印到下一个方块位置 */
void RoundBlock(HANDLE hOut, int block[4][4])
{
    int i, j;
    ClearBlock(hOut, block, 5, 15);
    switch (rand()%19)
```

```
{
case 0:
    for (i=0; i<4; ++i)
    {
        for (j=0; j<4; ++j)
        {
            block[i][j]=block00[i][j];
        }
    }
    break;
case 1:
    for (i=0; i<4; ++i)
    {
        for (j=0; j<4; ++j)
        {
            block[i][j]=block01[i][j];
        }
    }
    break;
case 2:
    for (i=0; i<4; ++i)
    {
        for (j=0; j<4; ++j)
        {
            block[i][j]=block02[i][j];
        }
    }
    break;
case 3:
    for (i=0; i<4; ++i)
    {
        for (j=0; j<4; ++j)
        {
            block[i][j]=block03[i][j];
        }
    }
    break;
case 4:
    for (i=0; i<4; ++i)
    {
        for (j=0; j<4; ++j)
        {
            block[i][j]=block04[i][j];
        }
```

```
        }
        break;
    case 5:
        for (i=0; i<4; ++i)
        {
            for (j=0; j<4; ++j)
            {
                block[i][j]=block05[i][j];
            }
        }
        break;
    case 6:
        for (i=0; i<4; ++i)
        {
            for (j=0; j<4; ++j)
            {
                block[i][j]=block06[i][j];
            }
        }
        break;
    case 7:
        for (i=0; i<4; ++i)
        {
            for (j=0; j<4; ++j)
            {
                block[i][j]=block07[i][j];
            }
        }
        break;
    case 8:
        for (i=0; i<4; ++i)
        {
            for (j=0; j<4; ++j)
            {
                block[i][j]=block08[i][j];
            }
        }
        break;
    case 9:
        for (i=0; i<4; ++i)
        {
            for (j=0; j<4; ++j)
            {
                block[i][j]=block09[i][j];
```

```
            }
        }
        break;
    case 10:
        for (i=0; i<4; ++i)
        {
            for (j=0; j<4; ++j)
            {
                block[i][j]=block10[i][j];
            }
        }
        break;
    case 11:
        for (i=0; i<4; ++i)
        {
            for (j=0; j<4; ++j)
            {
                block[i][j]=block11[i][j];
            }
        }
        break;
    case 12:
        for (i=0; i<4; ++i)
        {
            for (j=0; j<4; ++j)
            {
                block[i][j]=block12[i][j];
            }
        }
        break;
    case 13:
        for (i=0; i<4; ++i)
        {
            for (j=0; j<4; ++j)
            {
                block[i][j]=block13[i][j];
            }
        }
        break;
    case 14:
        for (i=0; i<4; ++i)
        {
            for (j=0; j<4; ++j)
            {
```

```
                block[i][j]=block14[i][j];
            }
        }
        break;
    case 15:
        for (i=0; i<4; ++i)
        {
            for (j=0; j<4; ++j)
            {
                block[i][j]=block15[i][j];
            }
        }
        break;
    case 16:
        for (i=0; i<4; ++i)
        {
            for(j=0; j<4; ++j)
            {
                block[i][j]=block16[i][j];
            }
        }
        break;
    case 17:
        for (i=0; i<4; ++i)
        {
            for (j=0; j<4; ++j)
            {
                block[i][j]=block17[i][j];
            }
        }
        break;
    case 18:
        for (i=0; i<4; ++i)
        {
            for (j=0; j<4; ++j)
            {
                block[i][j]=block18[i][j];
            }
        }
        break;
    default:
        break;
    }
    DisplayBlock(hOut, block, 5, 15);
```

```
}

/* 检测碰撞 */
int CollisionDetection(int block[4][4], int map[21][12], int x, int y)
{
int i, j;
    for (i=0; i<4; ++i)
    {
        for(j=0; j<4; ++j)
        {
            if (x+i>=0 && y+j>=0 && map[x+i][y+j]==1 && block[i][j]==1)
            {
                return FALSE;
            }
        }
    }
    return TRUE;
}

/* 显示方块 */
void DisplayBlock(HANDLE hOut, int block[4][4], int x, int y)
{
int i, j;
    switch (block[0][0])
    {
    case 10:
    case 11:
        SetConsoleTextAttribute(hOut, FOREGROUND_GREEN);
        break;
    case 12:
    case 13:
    case 14:
    case 15:
          SetConsoleTextAttribute (hOut, FOREGROUND _ BLUE | FOREGROUND _ GREEN |
FOREGROUND_INTENSITY);
          break;
    case 16:
    case 17:
    case 18:
    case 19:
        SetConsoleTextAttribute(hOut, FOREGROUND_RED | FOREGROUND_GREEN | FOREGROUND
_INTENSITY);
          break;
    case 20:
```

```
    case 21:
    case 22:
    case 23:
        SetConsoleTextAttribute(hOut, FOREGROUND_RED | FOREGROUND_BLUE | FOREGROUND_
INTENSITY);
        break;
    case 24:
    case 25:
        SetConsoleTextAttribute(hOut, FOREGROUND_GREEN | FOREGROUND_INTENSITY);
        break;
    case 26:
    case 27:
        SetConsoleTextAttribute(hOut, FOREGROUND_BLUE | FOREGROUND_INTENSITY);
        break;
    case 28:
        SetConsoleTextAttribute(hOut, FOREGROUND_RED | FOREGROUND_INTENSITY);
        break;
    default:
        break;
    }
    for (i=0; i<4; ++i)
    {
        if (i+x >=0)
        {
            for (j=0; j<4; ++j)
            {
                if (block[i][j]==1)
                {

                    GotoXY(hOut, 2*(y+j), x+i);
                    printf("■");
                }
            }
        }
    }
}

/* 消除方块 */
void ClearBlock(HANDLE hOut, int block[4][4], int x, int y)
{
    int i, j;
    for (i=0; i<4; ++i)
    {
        if (i+x>=0)
```

```
        {
            for (j=0; j<4; ++j)
            {
                if (block[i][j]==1)
                {
                    GotoXY(hOut, 2*(y+j), x+i);
                    printf("  ");
                }
            }
        }
    }
}

/* 游戏结束 */
void GameOver(HANDLE hOut, int block[4][4], int map[21][12])
{
    char key;
    SetConsoleTextAttribute(hOut, FOREGROUND_RED | FOREGROUND_INTENSITY);
    GotoXY(hOut, 9, 8);
    printf("游戏结束!");
    GotoXY(hOut, 8, 9);
    printf("空格键:重来");
    GotoXY(hOut, 8, 10);
    printf("ESC 键:退出");

    while (TRUE)
    {
        key=_getch();
        if (key==32)
        {
            return;
        }
        if (key==27)
        {
            exit(0);
        }
    }
}

/* 加速下落 */
int TurnDown(HANDLE hOut, int block[4][4], int map[21][12], int *px, int y)
{
    int i, j;
    if (CollisionDetection(block, map, *px+1, y))
```

```
    {
        ClearBlock(hOut, block, *px, y);
        ++*px;
        return 0;
    }
    if (*px<0)
    {
        return 2;
    }
    for (i=0; i<4; ++i)
    {
        for(j=0; j<4; ++j)
        {
            if(block[i][j]==1)
            {
                map[*px+i][y+j]=1;
                SetConsoleTextAttribute(hOut, FOREGROUND_BLUE | FOREGROUND_
GREEN | FOREGROUND_RED | FOREGROUND_INTENSITY);
                GotoXY(hOut, 2 * (y+j), *px+i);
                printf("■");
            }
        }
    }
    return 1;
}

/* 左移 */
void TurnLeft(HANDLE hOut, int block[4][4], int map[21][12], int x, int *py)
{
    if (CollisionDetection(block, map, x, *py-1))
    {
        ClearBlock(hOut, block, x, *py);
        --*py;
    }
}

/* 右移 */
void TurnRight(HANDLE hOut, int block[4][4], int map[21][12], int x, int *py)
{
    if (CollisionDetection(block, map, x, *py+1))
    {
        ClearBlock(hOut, block, x, *py);
        ++*py;
    }
```

```
}

/* 顺时针旋转 90 度 */
void TurnUp(HANDLE hOut, int block[4][4], int map[21][12], int x, int *py)
{
    int i, j;
    switch (block[0][0])
    {
    case 10:
        if (CollisionDetection(block01, map, x, *py))
        {
            ClearBlock(hOut, block, x, *py);
            for (i=0; i<4; ++i)
            {
                for (j=0; j<4; ++j)
                {
                    block[i][j]=block01[i][j];
                }
            }
        }
        break;
    case 11:
        if (CollisionDetection(block00, map, x, *py))
        {
            ClearBlock(hOut, block, x, *py);
            for (i=0; i<4; ++i)
            {
                for (j=0; j<4; ++j)
                {
                    block[i][j]=block00[i][j];
                }
            }
        }
        else if (CollisionDetection(block00, map, x, *py-1))
        {
            ClearBlock(hOut, block, x, *py);
            for (i=0; i<4; ++i)
            {
                for (j=0; j<4; ++j)
                {
                    block[i][j]=block00[i][j];
                }
            }
            --*py;
```

```
        }
        else if(CollisionDetection(block00, map, x, *py+1))
        {
            ClearBlock(hOut, block, x, *py);
            for (i=0; i<4; ++i)
            {
                for (j=0; j<4; ++j)
                {
                    block[i][j]=block00[i][j];
                }
            }
            ++*py;
        }
        else if(CollisionDetection(block00, map, x, *py-2))
        {
            ClearBlock(hOut, block, x, *py);
            for(i=0; i<4; ++i)
            {
                for (j=0; j<4; ++j)
                {
                    block[i][j]=block00[i][j];
                }
            }
            *py=*py-2;
        }
        else if (CollisionDetection(block00, map, x, *py+2))
        {
            ClearBlock(hOut, block, x, *py);
            for (i=0; i<4; ++i)
            {
                for (j=0; j<4; ++j)
                {
                    block[i][j]=block00[i][j];
                }
            }
            *py=*py+2;
        }
        break;
    case 12:
        if (CollisionDetection(block03, map, x, *py))
        {
            ClearBlock(hOut, block, x, *py);
            for (i=0; i<4; ++i)
            {
```

```
                for (j=0; j<4; ++j)
                {
                    block[i][j]=block03[i][j];
                }
            }
        }
        else if (CollisionDetection(block03, map, x, *py-1))
        {
            ClearBlock(hOut, block, x, *py);
            for (i=0; i<4; ++i)
            {
                for (j=0; j<4; ++j)
                {
                    block[i][j]=block03[i][j];
                }
            }
            --*py;
        }
        else if (CollisionDetection(block03, map, x, *py+1))
        {
            ClearBlock(hOut, block, x, *py);
            for (i=0; i<4; ++i)
            {
                for (j=0; j<4; ++j)
                {
                    block[i][j]=block03[i][j];
                }
            }
            ++*py;
        }
        break;
    case 13:
        if (CollisionDetection(block04, map, x, *py))
        {
            ClearBlock(hOut, block, x, *py);
            for (i=0; i<4; ++i)
            {
                for (j=0; j<4; ++j)
                {
                    block[i][j]=block04[i][j];
                }
            }
        }
        else if (CollisionDetection(block04, map, x, *py-1))
```

```
        {
            ClearBlock(hOut, block, x, *py);
            for (i=0; i<4; ++i)
            {
                for (j=0; j<4; ++j)
                {
                    block[i][j]=block04[i][j];
                }
            }
            --*py;
        }
        else if (CollisionDetection(block04, map, x, *py+1))
        {
            ClearBlock(hOut, block, x, *py);
            for (i=0; i<4; ++i)
            {
                for (j=0; j<4; ++j)
                {
                    block[i][j]=block04[i][j];
                }
            }
            ++*py;
        }
        break;
    case 14:
        if (CollisionDetection(block05, map, x, *py))
        {
            ClearBlock(hOut, block, x, *py);
            for (i=0; i<4; ++i)
            {
                for (j=0; j<4; ++j)
                {
                    block[i][j]=block05[i][j];
                }
            }
        }
        else if (CollisionDetection(block05, map, x, *py-1))
        {
            ClearBlock(hOut, block, x, *py);
            for (i=0; i<4; ++i)
            {
                for (j=0; j<4; ++j)
                {
                    block[i][j]=block05[i][j];
```

```
                }
            }
            --*py;
        }
        else if (CollisionDetection(block05, map, x, *py+1))
        {
            ClearBlock(hOut, block, x, *py);
            for (i=0; i<4; ++i)
            {
                for (j=0; j<4; ++j)
                {
                    block[i][j]=block05[i][j];
                }
            }
            ++*py;
        }
        break;
    case 15:
        if (CollisionDetection(block02, map, x, *py))
        {
            ClearBlock(hOut, block, x, *py);
            for (i=0; i<4; ++i)
            {
                for (j=0; j<4; ++j)
                {
                    block[i][j]=block02[i][j];
                }
            }
        }
        else if (CollisionDetection(block02, map, x, *py-1))
        {
            ClearBlock(hOut, block, x, *py);
            for (i=0; i<4; ++i)
            {
                for (j=0; j<4; ++j)
                {
                    block[i][j]=block02[i][j];
                }
            }
            --*py;
        }
        else if (CollisionDetection(block02, map, x, *py+1))
        {
            ClearBlock(hOut, block, x, *py);
```

```
            for (i=0; i<4; ++i)
            {
                for (j=0; j<4; ++j)
                {
                    block[i][j]=block02[i][j];
                }
            }
            ++*py;
        }
        break;

    case 16:
        if (CollisionDetection(block07, map, x, *py))
        {
            ClearBlock(hOut, block, x, *py);
            for (i=0; i<4; ++i)
            {
                for (j=0; j<4; ++j)
                {
                    block[i][j]=block07[i][j];
                }
            }
        }
        else if (CollisionDetection(block07, map, x, *py-1))
        {
            ClearBlock(hOut, block, x, *py);
            for (i=0; i<4; ++i)
            {
                for (j=0; j<4; ++j)
                {
                    block[i][j]=block07[i][j];
                }
            }
            --*py;
        }
        else if (CollisionDetection(block07, map, x, *py+1))
        {
            ClearBlock(hOut, block, x, *py);
            for (i=0; i<4; ++i)
            {
                for (j=0; j<4; ++j)
                {
                    block[i][j]=block07[i][j];
                }
```

```
            }
            ++*py;
        }
        break;
    case 17:
        if (CollisionDetection(block08, map, x, *py))
        {
            ClearBlock(hOut, block, x, *py);
            for (i=0; i<4; ++i)
            {
                for (j=0; j<4; ++j)
                {
                    block[i][j]=block08[i][j];
                }
            }
        }
        else if (CollisionDetection(block08, map, x, *py-1))
        {
            ClearBlock(hOut, block, x, *py);
            for (i=0; i<4; ++i)
            {
                for (j=0; j<4; ++j)
                {
                    block[i][j]=block08[i][j];
                }
            }
            --*py;
        }
        else if (CollisionDetection(block08, map, x, *py+1))
        {
            ClearBlock(hOut, block, x, *py);
            for (i=0; i<4; ++i)
            {
                for (j=0; j<4; ++j)
                {
                    block[i][j]=block08[i][j];
                }
            }
            ++*py;
        }
        break;
    case 18:
        if (CollisionDetection(block09, map, x, *py))
        {
```

```
            ClearBlock(hOut, block, x, *py);
            for (i=0; i<4; ++i)
            {
                for (j=0; j<4; ++j)
                {
                    block[i][j]=block09[i][j];
                }
            }
        }
        else if (CollisionDetection(block09, map, x, *py-1))
        {
            ClearBlock(hOut, block, x, *py);
            for (i=0; i<4; ++i)
            {
                for (j=0; j<4; ++j)
                {
                    block[i][j]=block09[i][j];
                }
            }
            --*py;
        }
        else if (CollisionDetection(block09, map, x, *py+1))
        {
            ClearBlock(hOut, block, x, *py);
            for (i=0; i<4; ++i)
            {
                for (j=0; j<4; ++j)
                {
                    block[i][j]=block09[i][j];
                }
            }
            ++*py;
        }
        break;
    case 19:
        if (CollisionDetection(block06, map, x, *py))
        {
            ClearBlock(hOut, block, x, *py);
            for (i=0; i<4; ++i)
            {
                for (j=0; j<4; ++j)
                {
                    block[i][j]=block06[i][j];
                }
```

```
            }
        }
        else if (CollisionDetection(block06, map, x, *py-1))
        {
            ClearBlock(hOut, block, x, *py);
            for (i=0; i<4; ++i)
            {
                for (j=0; j<4; ++j)
                {
                    block[i][j]=block06[i][j];
                }
            }
            --*py;
        }
        else if (CollisionDetection(block06, map, x, *py+1))
        {
            ClearBlock(hOut, block, x, *py);
            for (i=0; i<4; ++i)
            {
                for (j=0; j<4; ++j)
                {
                    block[i][j]=block06[i][j];
                }
            }
            ++*py;
        }
        break;
    case 20:
        if (CollisionDetection(block11, map, x, *py))
        {
            ClearBlock(hOut, block, x, *py);
            for (i=0; i<4; ++i)
            {
                for (j=0; j<4; ++j)
                {
                    block[i][j]=block11[i][j];
                }
            }
        }
        else if (CollisionDetection(block11, map, x, *py-1))
        {
            ClearBlock(hOut, block, x, *py);
            for (i=0; i<4; ++i)
            {
```

```
                for (j=0; j<4; ++j)
                {
                    block[i][j]=block11[i][j];
                }
            }
            --*py;
        }
        else if (CollisionDetection(block11, map, x, *py+1))
        {
            ClearBlock(hOut, block, x, *py);
            for (i=0; i<4; ++i)
            {
                for (j=0; j<4; ++j)
                {
                    block[i][j]=block11[i][j];
                }
            }
            ++*py;
        }
        break;
    case 21:
        if (CollisionDetection(block12, map, x, *py))
        {
            ClearBlock(hOut, block, x, *py);
            for (i=0; i<4; ++i)
            {
                for (j=0; j<4; ++j)
                {
                    block[i][j]=block12[i][j];
                }
            }
        }
        else if (CollisionDetection(block12, map, x, *py-1))
        {
            ClearBlock(hOut, block, x, *py);
            for (i=0; i<4; ++i)
            {
                for (j=0; j<4; ++j)
                {
                    block[i][j]=block12[i][j];
                }
            }
            --*py;
        }
```

```
        else if (CollisionDetection(block12, map, x, *py+1))
        {
            ClearBlock(hOut, block, x, *py);
            for (i=0; i<4; ++i)
            {
                for (j=0; j<4; ++j)
                {
                    block[i][j]=block12[i][j];
                }
            }
            ++*py;
        }
        break;
    case 22:
        if (CollisionDetection(block13, map, x, *py))
        {
            ClearBlock(hOut, block, x, *py);
            for (i=0; i<4; ++i)
            {
                for (j=0; j<4; ++j)
                {
                    block[i][j]=block13[i][j];
                }
            }
        }
        else if (CollisionDetection(block13, map, x, *py-1))
        {
            ClearBlock(hOut, block, x, *py);
            for (i=0; i<4; ++i)
            {
                for ( j=0; j<4; ++j)
                {
                    block[i][j]=block13[i][j];
                }
            }
            --*py;
        }
        else if (CollisionDetection(block13, map, x, *py+1))
        {
            ClearBlock(hOut, block, x, *py);
            for (i=0; i<4; ++i)
            {
                for ( j=0; j<4; ++j)
                {
```

```
                block[i][j]=block13[i][j];
            }
        }
        ++*py;
    }
    break;
case 23:
    if (CollisionDetection(block10, map, x, *py))
    {
        ClearBlock(hOut, block, x, *py);
        for (i=0; i<4; ++i)
        {
            for(j=0; j<4; ++j)
            {
                block[i][j]=block10[i][j];
            }
        }
    }
    else if (CollisionDetection(block10, map, x, *py-1))
    {
        ClearBlock(hOut, block, x, *py);
        for (i=0; i<4; ++i)
        {
            for (j=0; j<4; ++j)
            {
                block[i][j]=block10[i][j];
            }
        }
        --*py;
    }
    else if (CollisionDetection(block10, map, x, *py+1))
    {
        ClearBlock(hOut, block, x, *py);
        for (i=0; i<4; ++i)
        {
            for (j=0; j<4; ++j)
            {
                block[i][j]=block10[i][j];
            }
        }
        ++*py;
    }
    break;
case 24:
```

```
        if (CollisionDetection(block15, map, x, *py))
        {
            ClearBlock(hOut, block, x, *py);
            for (i=0; i<4; ++i)
            {
                for (j=0; j<4; ++j)
                {
                    block[i][j]=block15[i][j];
                }
            }
        }
        else if (CollisionDetection(block15, map, x, *py-1))
        {
            ClearBlock(hOut, block, x, *py);
            for (i=0; i<4; ++i)
            {
                for (j=0; j<4; ++j)
                {
                    block[i][j]=block15[i][j];
                }
            }
            --*py;
        }
        else if (CollisionDetection(block15, map, x, *py+1))
        {
            ClearBlock(hOut, block, x, *py);
            for (i=0; i<4; ++i)
            {
                for (j=0; j<4; ++j)
                {
                    block[i][j]=block15[i][j];
                }
            }
            ++*py;
        }
        break;
    case 25:
        if (CollisionDetection(block14, map, x, *py))
        {
            ClearBlock(hOut, block, x, *py);
            for (i=0; i<4; ++i)
            {
                for (j=0; j<4; ++j)
                {
```

```
                block[i][j]=block14[i][j];
            }
        }
    }
    else if (CollisionDetection(block14, map, x, *py-1))
    {
        ClearBlock(hOut, block, x, *py);
        for (i=0; i<4; ++i)
        {
            for (j=0; j<4; ++j)
            {
                block[i][j]=block14[i][j];
            }
        }
        --*py;
    }
    else if (CollisionDetection(block14, map, x, *py+1))
    {
        ClearBlock(hOut, block, x, *py);
        for (i=0; i<4; ++i)
        {
            for (j=0; j<4; ++j)
            {
                block[i][j]=block14[i][j];
            }
        }
        ++*py;
    }
    break;
case 26:
    if (CollisionDetection(block17, map, x, *py))
    {
        ClearBlock(hOut, block, x, *py);
        for (i=0; i<4; ++i)
        {
            for (j=0; j<4; ++j)
            {
                block[i][j]=block17[i][j];
            }
        }
    }
    else if (CollisionDetection(block17, map, x, *py-1))
    {
        ClearBlock(hOut, block, x, *py);
```

```
        for (i=0; i<4; ++i)
        {
            for (j=0; j<4; ++j)
            {
                block[i][j]=block17[i][j];
            }
        }
        --*py;
    }
    else if (CollisionDetection(block17, map, x, *py+1))
    {
        ClearBlock(hOut, block, x, *py);
        for (i=0; i<4; ++i)
        {
            for (j=0; j<4; ++j)
            {
                block[i][j]=block17[i][j];
            }
        }
        ++*py;
    }
    break;
case 27:
    if (CollisionDetection(block16, map, x, *py))
    {
        ClearBlock(hOut, block, x, *py);
        for (i=0; i<4; ++i)
        {
            for(j=0; j<4; ++j)
            {
                block[i][j]=block16[i][j];
            }
        }
    }
    else if (CollisionDetection(block16, map, x, *py-1))
    {
        ClearBlock(hOut, block, x, *py);
        for (i=0; i<4; ++i)
        {
            for (j=0; j<4; ++j)
            {
                block[i][j]=block16[i][j];
            }
        }
```

```
                --*py;
            }
            else if (CollisionDetection(block16, map, x, *py+1))
            {
                ClearBlock(hOut, block, x, *py);
                for (i=0; i<4; ++i)
                {
                    for (j=0; j<4; ++j)
                    {
                        block[i][j]=block16[i][j];
                    }
                }
                ++*py;
            }
            break;
        default:
            break;
    }
}

/* 游戏暂停 */
void GameStop(HANDLE hOut, int block[4][4])
{
    char key;
    ClearBlock(hOut, block, 5, 15);
    SetConsoleTextAttribute(hOut, FOREGROUND_RED | FOREGROUND_INTENSITY);
    GotoXY(hOut, 30, 7);
    printf("游戏暂停");

    while (TRUE)
    {
        key=_getch();
        if (key==32)
        {
            GotoXY(hOut, 30, 7);
            printf("        ");
            DisplayBlock(hOut, block, 5, 15);
            return;
        }
        if (key==27)
        {
            exit(0);
        }
    }
```

```
}

/* 判断是否能消行并更新分值 */
void EliminateRow(HANDLE hOut, int map[21][12], int *pval, int *pfraction, int *pcheckpoint)
{
    int i,j, m, n;
    SetConsoleTextAttribute(hOut, FOREGROUND_BLUE | FOREGROUND_GREEN | FOREGROUND_RED | FOREGROUND_INTENSITY);
    for (i=19; i>=0; --i)
    {
        int x=0;
        for (j=1; j<11; ++j)
        {
            x+=map[i][j];
        }
        if (x==10)
        {
            *pfraction+=100;
            if (*pval>1 && *pfraction/1000+1!=*pcheckpoint)
            {
                *pcheckpoint=*pfraction/1000+1;
                *pval-=5;
            }
            for (m=i; m>0; --m)
            {
                for (n=1; n<11; ++n)
                {
                    map[m][n]=map[m-1][n];
                    GotoXY(hOut, 2*n, m);
                    if (map[m][n]==1)
                    {
                        printf("■");
                    }
                    else
                    {
                        printf("  ");
                    }
                }
            }
            ++i;
        }
    }
    GotoXY(hOut, 36, 1);
```

```
    printf("%d",*pfraction);
    GotoXY(hOut, 36, 2);
    printf("%d",*pcheckpoint);
}
```

源文件下载

6.4 测试用例

如表 6-2 所示,为俄罗斯方块游戏软件测试用例。

表 6-2 俄罗斯方块游戏软件测试用例

序号	测试项	操作步骤	预期结果	测试结果
1	方块变换	方块位于边界时,按 W 键	方块不变换	通过
		方块位于已有方块旁时,按 W 键	方块不变换	通过
2	方块移动	游戏中,对方块进行左右移动	方块响应操作	通过
3	按键响应	游戏结束,对方块进行左右移动	方块不响应操作	通过

6.5 思考与创新

(1) 本系统借助使用 Windows 的控制台 API 实现界面,读者在阅读程序代码时可参阅本教材的第 3 章相关资料。

(2) 很多游戏软件提供了人工智能算法,俄罗斯方块游戏也可实现基于人工智能的机器玩家。请参阅相关资料(如网站:https://www.colinfahey.com/tetris/tetris.html),给出俄罗斯方块游戏的人工智能算法的基本思想。

参 考 文 献

[1] 谭浩强. C 程序设计[M]. 3 版. 北京：清华大学出版社，2005.

[2] SHREINER D，等. OpenGL 编程指南：原书第 8 版[M]. 王锐，等译. 北京：机械工业出版社，2014.

[3] 许真珍，蒋光远，田琳琳. C 语言课程设计指导教程[M]. 北京：清华大学出版社，2016.

[4] 李春葆. 数据结构教程：C＋＋语言描述[M]. 北京：清华大学出版社，2014.

[5] 苏仕华，等. 数据结构课程设计[M]. 北京：机械工业出版社，2010.

图书在版编目(CIP)数据

C语言程序设计与项目实训教程. 下册/孟爱国，肖增良主编. —北京：北京大学出版社，2018.7
ISBN 978-7-301-29671-4

Ⅰ. ①C… Ⅱ. ①孟… ②肖… Ⅲ. ①C语言—程序设计—高等学校—教材 Ⅳ. ①TP312.8

中国版本图书馆CIP数据核字(2018)第138216号

书　　名	C语言程序设计与项目实训教程（下册） C YUYAN CHENGXU SHEJI YU XIANGMU SHIXUN JIAOCHENG
著作责任者	孟爱国　肖增良　主编
责任编辑	王　华
标准书号	ISBN 978-7-301-29671-4
出版发行	北京大学出版社
地　　址	北京市海淀区成府路205号　100871
网　　址	http://www.pup.cn
电子邮箱	zpup@pup.cn
新浪微博	@北京大学出版社
电　　话	邮购部62752015　发行部62750672　编辑部62765014
印 刷 者	湖南省众鑫印务有限公司
经 销 者	新华书店
	787毫米×1092毫米　16开本　9.5印张　237千字
	2018年7月第1版　2024年6月第8次印刷
定　　价	32.00元
